Folker Kraus-Weysser

New Beetle

Steiger Verlag

Der Autor:
Folker Kraus-Weysser, geboren 1938, lebt in Köln und Südfrankreich, ist Verfasser zahlreicher Sachbücher (darunter des Bandes „Audi TT" in dieser Buchreihe des Steiger Verlages) und als Journalist mit den Sachgebieten Wirtschaft, Naturwissenschaft und Technik für fast alle wichtigen deutschen Magazine und Illustrierten (u.a. „Stern", „Capital", „Focus", „Autofocus", „Auto, Motor und Sport") tätig.

Die Deutsche Bibliothek - CIP-Einheitsaufnahme

New Beetle / Folker Kraus-Weysser. - Augsburg : Steiger, 1999
   ISBN 3-89652-184-5

Gedruckt auf chlorfrei gebleichtem Papier.

Steiger Verlag Augsburg 1999
© Weltbild Ratgeber Verlage GmbH & Co KG, Augsburg
Alle Rechte vorbehalten.

Lektorat: Frank Auerbach
Umschlag- und Layoutentwurf, Layout, Satz: KA•BA, Augsburg
Reproduktion: Repro Ludwig, A-Zell am See
Druck und Bindung: Appl, Wemding

Bildnachweis:
Alle Bilder stammen von der Volkswagen AG.

Printed in Germany
ISBN 3-89652-184-5

INHALT

DIE KÄFER-STORY

Der Käfer ist tot, es lebe der Käfer! In früheren Zeiten wurde nach dem Ableben des bisherigen Königs sein Nachfolger auf dem Thron mit dem Ruf „Der König ist tot. Es lebe der König!" gefeiert. Auf ähnliche Weise erlebt mehr als ein halbes Jahrhundert nach dem ersten VW-Käfer die Autowelt den neuen Käfer (das englische Wort für Käfer ist *beetle*!), der ohne seinen Urahn nicht denkbar wäre.

Entstanden war einst das Fossil der Massenmotorisierung – der alte VW-Käfer –, weil, polemisch verkürzt, ein Diktator und dilettierender Kunstmaler sich in einer Kneipe mit einem phantasiebegabten Ingenieur zusammensetzte und weil beide ihre Ideen von einem Auto auf Papier kritzelten. Das Ergebnis war ein warziges Vehikel mit Trittbrettern, laut, mit zu kleinen Scheibenwischern, ohne Benzinuhr, mit wimmernder Hupe, untauglicher Heizung und einem Motor, der – ach, du Schreck! – dort eingebaut war, wo andere Autos ihren Kofferraum hatten.

Ernsthaft erzählt, begann die Käfer-Story an einem Nachmittag des September 1931, als sich in der Stuttgarter Kronenstraße neun Ingenieure mit ihrem Chef zusammensetzten und die Idee eines Kleinwagens besprachen. Der Ingenieur hieß Ferdinand Porsche, ein in der Branche berüchtigter Individualist, was soviel bedeutete, daß er als schwierig und eigenwillig galt. Der in Böhmen 1875 geborene Ingenieur hatte sich

Die Käfer-Story begann 1931, als der Ingenieur Ferdinand Porsche die Idee und der Diktator Adolf Hitler die Vision hatte, ein Volksauto zu bauen. 1935 war der Prototyp fahrbereit. Doch die Serienfertigung begann erst nach dem Zweiten Weltkrieg.

Der Käfer war das Symbolauto des deutschen Wirtschaftswunders, das Kultvehikel eines Volkes, das sich daran machte, sein Land aus Ruinen wiederaufzubauen und in alle Welt zu reisen.

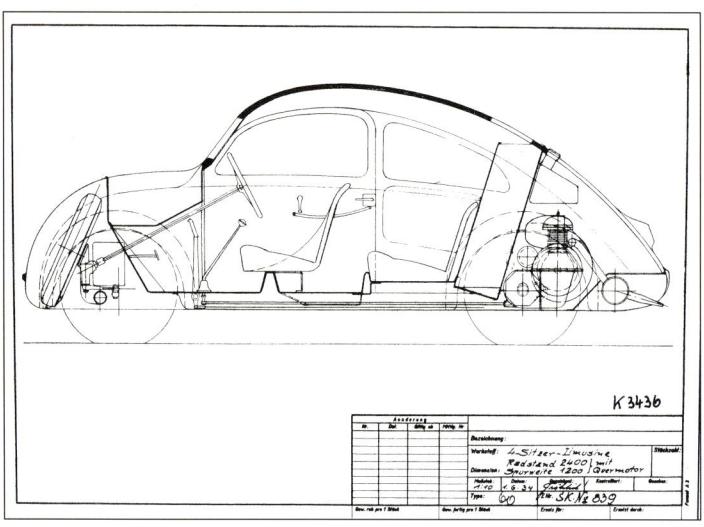

Buckelform, Radaufhängung mit Blattfedern, 2,5 m Radstand, 100 km/h Dauergeschwindigkeit, Heckmotor und -antrieb – so skizzierte Porsche die Grundeigenschaften des Käfers, der von nationalsozialistischen Machthabern als „Kraft-durch-Freude"-Auto bezeichnet wurde. Während bislang im Automobilbau die Technik jede Neukonstruktion bestimmt hatte, war es beim Käfer die besondere Karosserieform, die Stabilität versprach – und hielt.

Der KdF Wagen

jedenfalls von seinem ersten Arbeitgeber, der Wiener Firma Lohner, wegen „mangelndem Interesse" an seinen unkonventionellen Ideen getrennt. Dazu gehörten beispielsweise Autos mit Elektroantrieb. Später, während des Zweiten Weltkrieges, wollte er gar einen Panzer mit Elektroantrieb bauen. Porsche wechselte zu Daimler, wo er Rekord-Rennwagen und die erfolgreichen Kompressor-Modelle S und SS baute. Doch abermals kam es zu Streitigkeiten. Seine nächste Stellung bei der ebenfalls österreichischen Firma Steyr endete wegen finanzieller Probleme der Firma im Schatten der Weltwirtschaftskrise. Deshalb entschloß sich der inzwischen 56 Jahre alte Ferdinand Porsche, eine eigene Firma gemeinsam mit zwei Teilhabern zu gründen, dem Finanzmann Adolf Rosenberger und dem Rechtsanwalt Anton Piech, seinem Schwiegersohn.

Mit Autos war das damals noch so eine Sache – zumal in Deutschland. Im Jahr zuvor, mitten in der Wirtschaftskrise, war Henry Ford nach Deutschland gekommen und hatte in Köln den Grundstein für seine neue Autofabrik gelegt. Die Opel-Werke waren schon ein Jahr davor von General Motors übernommen worden. Und schließlich wurde darüber gestritten, ob Ford und Opel überhaupt noch richtige deutsche Autos seien. Der Wochenlohn eines gelernten Arbeiters betrug 40 Mark, und ein Liter Benzin kostete 36 Pfennig. Der erste DKW mit Frontantrieb und der erste richtige BMW kamen auf den Markt. Das Automobil war gerade 50 Jahre alt, und es gab schon die ersten Autobahnen, weil nach Berechnungen der „Kraftfahrzeugwirtschaft" – wie man damals sagte – dadurch jährlich 300 Millionen Mark Betriebskosten eingespart werden konnten.

Porsche nannte seinen Kleinwagen das „Projekt 12". Die Projekte 1 bis 6 hatte es nie gegeben. Projekt 7 war ein Zwei-Liter-Sechszylinder-Modell für die Firma Wanderer, Projekt 8 ein nie produzierter 3,2-Liter-Wanderer. Irgendwie nahm es der Chef mit den Projektnumerierungen nicht so genau.

Auch seine Idee von dem Kleinwagen war noch keineswegs konkret: Dreizylinder-Sternmotor im Heck, Radaufhängung mit Blattfedern, 2,50 Meter Radstand, Viersitzer, 100 km/h Dauergeschwindigkeit. Porsche konnte für dieses Konzept Fritz Neumeyer von Zündapp interessieren. Zündapp war die führende deutsche Motorradfirma, wollte ins Autogeschäft einsteigen und erteilte deshalb den Auftrag für drei Prototypen. Doch das Projekt scheiterte an überhitzten und deshalb festgefressenen

Motoren. Porsche wandte sich nun an NSU, die Nummer zwei auf dem Motorradmarkt. Das Porsche-Team entwickelte bei dieser Gelegenheit die später beim Käfer übliche Drehstabfederung, doch NSU-Chef Fritz von Falkenhayn war der neue luftgekühlte Vierzylindermotor zu laut, und überhaupt schienen die politisch unruhigen Zeiten so ungünstig für den Einstieg ins Autogeschäft zu sein, daß auch dieser Vertrag platzte.

Mit der Ernennung Adolf Hitlers zum Reichskanzler am 30. Januar 1933 eröffnete sich für Porsche freilich eine neue Chance. Hitler war ein Autonarr. Mit Motorradkappe und -brille saß er gewöhnlich vorne in seinem offenen Kompressor-Mercedes, auch wenn er darauf Wert legte, daß sein Fahrer nicht schneller als 80 km/h fuhr. Da Porsche seinen Mercedes konstruiert hatte, stand er in hohem Ansehen bei Hitler, der in seiner Rede zur Eröffnung der Berliner Automobilausstellung seine ehrgeizigen Pläne darlegte: Er wolle den Erwerb des Führerscheins erleichtern, die Kaufsteuer auf Neuwagen abschaffen, die deutsche Beteiligung an Autorennen finanziell unterstützen und Autobahnen bauen. Vor allem aber sollte jede deutsche Familie die Möglichkeit bekommen, sich ein eigenes Auto zu kaufen.

Da Porsche gute Kontakte zur Rennabteilung von Auto-Union hatte, dem zweitgrößten deutschen Hersteller, war er mit von der Partie, als sich wenige Wochen später die Autobosse mit Hitler trafen. Abermals verkündete der neue Reichskanzler seine Forderung nach einem preisgünstigen Familienauto. Porsche griff den Gedanken auf, brachte seine Ideen zu Papier und schickte sie an Hitler. Eine Woche darauf trafen sich beide im Berliner Hotel Kaiserhof. Hitler malte mit den Händen in die Luft, wie er sich ein Auto vorstellte: „100 km/h Dauergeschwindigkeit, sieben Liter Benzinverbrauch, damit die Treibstoffkosten auf 100 Kilometer nicht höher als drei Mark liegen. Vier bis fünf Sitze, damit die ganze Familie mitfahren kann. Luftkühlung, damit man keine Garage braucht."

Porsche fragte: „Und zu welchem Preis, Herr Reichskanzler?"

Hitler lachte: „Zu jedem Preis unter 1000 Mark, Herr Dr. Porsche."

Porsche war entsetzt. Hitlers Preisvorstellung lag um ein gutes Drittel unter dem für damals angebotene Fahrzeuge üblichen Preisniveau. Porsche faßte seine Bedenken in einem technischen Exposé zusammen, das er Hitler schickte: „Ich verstehe unter einem Volkswagen kein Kleinfahrzeug, das durch künstliche Verringerung seiner Abmessungen, seiner Leistung, des Gewichts etc. die Tradition der bisherigen Erzeugnisse weiterführt. Es bedarf nach meiner Ansicht grundsätzlich neuer Lösungen."

In den zerbombten Anlagen von Wolfsburg wurden 1946, gerade ein Jahr nach Kriegsende, monatlich bereits wieder 1000 Käfer gebaut, aber nicht für den freien Verkauf, sondern für Polizei, Post und Ärzte.

Im Oktober 1946 lief der 10 000. Käfer vom Band – auch wenn die Arbeiter nach jedem Gewitterregen bis zur Hüfte im Wasser standen, weil dem kriegszerstörten Werk das Dach fehlte.

Eine Million Käfer! Das war 1955. Die Standardausführung kostete knapp 4000 Mark. Der „Export" für den US-Markt war 5450 Mark teuer. 1981 waren es 20 Millionen Käfer ...

Zum ersten Mal war das Wort „Volkswagen" gefallen – obgleich es keineswegs neu war. Die Firma Standard hatte sein im Jahr zuvor für 1590 Mark auf den Markt gebrachtes Modell „Superior" so genannt, ein überdachtes Motorrad mit Zweittakt-Heckmotor. Aber Hitler gefiel das Wort. Er griff es auf und benutzte es bei seiner Ansprache zur Eröffnung der Berliner Automobilausstellung am 8. März 1934: „Wenn wir wirklich die Kraftwagenbesitzer in Deutschland in die Millionenzahl steigen lassen wollen, muß die Wirtschaft einen neuen deutschen ‚Volkswagen' bauen." Hitler machte Druck, und am 22. Juni 1934 unterschrieb Porsche den Vertrag, der ihn verpflichtete, innerhalb von zehn Monaten den Prototyp eines Volkswagens zu bauen. Rund 900 Mark sollte das Auto bei einer Serie von 50 000 Stück kosten. Porsche sollte dafür monatlich 20 000 Mark erhalten.

Das Wichtigste war der Motor. Porsche dachte zunächst an eine Doppelkolben-Konstruktion, dann an den bereits beim NSU-Wagen eingesetzten luftgekühlten Vierzylinder-Boxermotor. Schließlich kam noch ein luftgekühlter Zweizylinder-Zweitakter in Frage, damals die billigste und reifste Lösung. Doch der Zweizylinder war zu schwach, und der Doppelkolber zeigte Temperaturprobleme. Damit blieb nur der Boxer-Motor, der aber noch zu teuer war.

Doch Hitler ließ nicht mehr locker. Anläßlich der Automobilausstellung 1935 gab er offiziell die Beteiligung der Regierung am Volkswagen-Projekt bekannt. Im Juni desselben Jahres machte sich das inzwischen auf 40 Ingenieure angewachsene Porsche-Team in der großen Stuttgarter Garage seines Chefs an die Teilefertigung für drei Prototypen. Auf das betriebsfertige Fahrgestell mit einer verwindungsfesten, steifen Bodenplatte wurde eine Karosserie gesetzt. Bei zwei Prototypen hielt man sich an die damals übliche Holzkarosserie, die allerdings nicht mit Wachstuch, sondern mit Leichtmetall überzogen wurde. Das dritte Fahrzeug erhielt eine Karosserie aus Stahl. Es gab erhebliche Probleme, etwa mit den bei Daimler-Benz gefertigten Kurbelwellenlagern, dann mit den mechanisch betätigten Bremsen, schließlich mit der Motorkühlung.

Düster schwarz oder dunkelblau lackiert, die Bezüge in traurigem Grau – aber trotz der melancholischen Farbpalette weckte dieses Auto Hoffnungen eines ganzen Volkes.

Doch am 12. Oktober 1936 stand der erste Volkswagen bereit für Testfahrten.

Die verliefen zunächst keineswegs zufriedenstellend. Der luftgekühlte Motor lieferte zuwenig Wärme für die Heizung. Die Windschutzscheibe war nicht eisfrei zu halten. Auch die Vorderradaufhängung und die Lenkung bereiteten Probleme. Mehr noch machte Porsche die Rivalität mit den übrigen deutschen Autoherstellern zu schaffen, die wenig erfreut waren über die neue und von der Regierung unterstützte Konkurrenz. Noch auf der Automobilausstellung 1937 empfing Wilhelm von Opel den Reichskanzler auf seinem Messestand mit einem Hinweis auf das erfolgreiche Modell P 4 – Preis 1450 Mark – und den Worten: „Herr Hitler, das ist unser Volkswagen!" Hitler reagierte unwirsch und wandte sich ab.

Doch gerade die Versuche der Auto-Chefs, Porsche bei Hitler anzuschwärzen, mehr noch allerdings die Erfolge von dessen Auto-Union-Rennwagen, überzeugten den Diktator. Er erteilte Porsche den Auftrag, weitere 30 Prototypen bei Daimler-Benz bauen zu lassen, die im Frühjahr 1937 fahrbereit waren. Diese Testfahrten wurden von technischen SS-Einheiten durchgeführt. Jedes Fahrzeug sollte etwa 50 000 Kilometer zurücklegen.

Unterdessen war allerdings klar, daß sich auch zum Preis von rund 1000 Mark kein Durchschnittsdeutscher einen Volkswagen leisten konnte. Allein die Benzinkosten schlugen mit etwa 40 Mark monatlich zu Buch, das war fast der gesamte Wochenlohn eines Arbeiters. Deshalb verkündete 1939 Robert Ley, ein alter Gefolgsmann Hitlers und Führer der Deutschen Arbeitsfront, einen Sparplan: Wer fünf Mark pro Woche bei der Arbeitsfront einbezahlte, sollte sich seinen Volkswagen im Werk abholen können, sobald der volle Kaufpreis von 990 Mark erreicht war. Durch Zusatzzahlungen ließ sich die Wartezeit von vier auf zwei Jahre verkürzen. Für jede vom Lohn einbehaltene Fünf-Mark-Rate gab es eine Marke, die in eine Sparkarte eingeklebt werden mußte. Wenig später wurde das Sparprogramm auf Kinder ausgedehnt, die ihre Raten monatlich entrichten konnten. Bis Kriegsende beteiligten sich 336 668 Deutsche an dem Sparprogramm, von dem später behauptet wurde, es habe sich nur um einen Trick gehandelt, um die Kriegskosten zu finanzieren. Tatsächlich aber wurden die Sparraten auf einem Sperrkonto der Berliner Bank verwahrt und bei Kriegsende von den sowjetischen Truppen kassiert. Und 1962 konnten sich die Sparer entweder 100 Mark in bar auszahlen lassen oder einen VW 1200 mit 600 Mark Rabatt bestellen. Ein Käfer kostete damals 4200 Mark, und da waren 600 Mark schon ein ganz schöner Rabatt.

1939 gründete die Regierung eine „Gesellschaft zur Vorbereitung des deutschen Volkswagens", zu deren Chef ebenfalls Robert Ley und als Geschäftsführer Ferdinand Porsche berufen wurden. Da die Testfahrten erfolgreich verliefen, stellte sich die Frage nach der Serienproduktion.

„Glauben Sie, daß Sie imstande sind, auch eine Fabrik zu planen, um die Produktion auf dieser Basis durchzuführen?" hatte Hitler bereits 1936 Porsche gefragt.

„Ich bin davon überzeugt, daß wir mit den gleichen Maschinen und Werkzeugen, wie die Amerikaner sie haben, den Volkswagen bauen und verkaufen können", gab dieser zur Antwort.

Beide bewunderten vor allem Henry Ford, der erstmals in der Automobilgeschichte die Fließbandproduktion eingeführt hatte. Porsche reiste deshalb in Hitlers Auftrag in die USA und traf sich mit Ford-Ingenieuren, die von ihrem Chef die Anweisung bekommen hatten, dem deutschen

Der Vater des Käfers: Ferdinand Porsche (1875 – 1951), ein genialer Ingenieur, der ebenso Elektroautos wie Panzer oder Rennwagen für Mercedes und die Auto Union baute – und natürlich den Käfer, der im wesentlichen noch heute so hergestellt wird, wie Porsche ihn 1931 konstruiert hatte.

Team mit Informationen über Produktionsanlagen und -verfahren unter die Arme zu greifen. Außerdem gelang es Porsche, einige in den zwanziger Jahren in die USA ausgewanderte Ingenieure zur Rückkehr zu bewegen, so etwa den Karosserie-Experten Hans Mayr oder den Ingenieur Josef Werner.

In der Folge kam es unter dem Einfluß der Deutschamerikaner zu zahlreichen Änderungen an den Prototypen. Die hatten beispielsweise noch immer kein Rückfenster. Vielmehr wurde die gesamte Heckfläche für die Luftansaugöffnungen zur Motorkühlung benötigt. Erst durch die Konstruktion eines Gebläses konnten diese Luftschlitze soweit reduziert werden, daß genügend Platz für ein kleines Rückfenster zur Verfügung stand – es war übrigens eine Kopie des geteilten Fensters, das Porsche in den USA am Ford V-8 gesehen hatte. Auch die hinten angeschlagenen Türen wurden geändert, nachdem Porsche gesehen hatte, daß bei amerikanischen Autos die Türen durchwegs vorne befestigt waren. Die Scheinwerferverkleidung und die Fenstergeometrie wurden verbessert. Ebenso erhielt das Dach einige ästhetische Korrekturen, und das bislang ausladende Heck wurde verkürzt.

Dreißig Prototypen wurden 1935 bei Mercedes gebaut und auf die – erfolgreiche – Testfahrt geschickt. Noch verfügte der Käfer über kein Rückfenster, weil die Heckfront für die Kühlschlitze des Motors benötigt wurde.

Als nach dem Zweiten Weltkrieg die Serienproduktion begann, stieg auch die Zubehörindustrie ein, etwa mit Polsterrollen für die Rückbank oder Blumenvasen für das Armaturenbrett.

Das erste Vorserienmodell von 1938 sah grundsätzlich nicht anders aus als der Käfer 50 Jahre später: ein buckliges, unverwüstliches Auto.

Inzwischen hatte Hitler anläßlich der Grundsteinlegung des Wolfsburger Werkes den Volkswagen in „KdF-Wagen" umgetauft, sehr zu Porsches Unwillen, „denn der Name würde für andere Länder, die nicht von der Idee der ‚Kraft durch Freude' besessen waren, nichts bedeuten."

Doch Porsche dachte auch weiter. Seine inzwischen 210 Mitarbeiter beschäftigten sich bereits mit einer militärischen Version. An den Pendelachsen wurden Untersetzungsgetriebe eingebaut, welche das Drehmoment verbesserten und die Mindestgeschwindigeit herabsetzten – wichtig für die Geländetauglichkeit. Hinzu kam eine Differentialsperre. Als der „Kübel" genannte Militär-Volkswagen den inzwischen vom Heeresbeschaffungsamt konstruierten „Jeep" eindeutig ausstach, ging Porsche zu Hitler und überzeugte ihn von der notwendigen Serienproduktion. Im Frühjahr 1940 erhielt er den Auftrag für die Fertigung von 400 Kübelwagen, doch bereits vier Monate später lief das 1000. Exemplar vom Band. Mit Ausnahme der Hubraumerweiterung von 995 ccm auf 1134 ccm wurde das Grundmodell während des gesamten Krieges gebaut. Es gab vierradgetriebene Varianten und einen Amphibien-Kübel. Man baute sogar wüstentaugliche Modelle mit verbesserter Kühlung und breiteren, im Sand tauglichen Reifen für das Afrikakorps. Insgesamt wurden rund 51 000 Kübelwagen und 15 000 Schwimmwagen gebaut, monatlich etwa 1500.

Längst waren große Teile des Werkes in die Kriegsproduktion einbezogen, vor allem für die Produktion von Flugzeugteilen, aber auch von Landminen, Panzerabwehrraketen, Generatoren und zuletzt sogar für die Herstellung von Bauteilen für die V1-Rakete. Der erste Angriff von 50 amerikanischen Bombenflugzeugen am 8. April 1944, vor allem aber die zweite Welle von insgesamt 178 Maschinen am 20. und 29. Juni 1944 ließen aber keinen Zweifel mehr daran, daß es mit der reichsdeutschen Volkswagen-Produktion zu Ende ging.

Im April 1945 erreichten erst amerikanische und dann britische Truppen das VW-Werk. Der Traum vom Auto für jede deutsche Familie schien ausgeträumt, noch bevor er richtig begonnen hatte.

Wolfsburg und große Teile des Werkes waren ein Schutthaufen. In der Halle 2 ließ die britische Armee defekte Militärfahrzeuge reparieren. Ab 18.00 Uhr herrschte striktes Ausgehverbot. Eine sowjetische Einheit von 30 Mann streifte durch das Werk und kennzeichnete jede Maschine, die im Rahmen von Moskaus Reparationsforderungen in die Sowjetunion verfrachtet werden sollte. Selbst die britischen Soldaten der Control

Commission of Germany hielten in diesem Klima der Unsicherheit ständig ihre Fahrzeuge unter Flutlicht einsatzbereit. Allerdings hatte die CCG auch begriffen, daß die Deutschen eine Selbstverwaltung und dafür Fahrzeuge benötigten. Deshalb wurde Major Ivan Hirst von den Royal Electrical and Mechinal Engineers (REME) nach Wolfsburg geschickt, „mit dem ausdrücklichen Auftrag, die Produktion eines Volkswagens, entweder Kübelwagen oder Limousine, in Gang zu setzen". Die Braunschweiger Staatsbank erhielt Order, 20 Millionen Reichsmark für die Betriebsaufnahme zur Verfügung zu stellen. Unter dem Schutt entdeckte man ein Dutzend Kübelwagen-Karosserien, in einem Keller ein intaktes Montageband. Aus beschädigten Fahrzeugen wurden Teile ausgebaut. Unter maßgeblicher Leitung altgedienter Deutschamerikaner wie Josef Werner oder Otto Höhne wurden bis Weihnachten 1945 aus alten und neuen Teilen die ersten 58 Volkswagen zusammengeschraubt. Bis Ende März 1946 waren es bereits 1003 Fahrzeuge.

IN SERIE ERST NACH 1945

Es klingt unglaublich, doch während fast des gesamten Jahres 1946 wurden monatlich etwa 1000 Fahrzeuge gebaut. Man nahm jede auch noch so unsichere Gelegenheit wahr, um Reifen, Polsterstoffe und Kleinteile zu beschaffen. Als es an Kohle fehlte, fuhr Richard Berryman, der frühere Kommandeur der Royal Air Force und inzwischen als Verantwortlicher für die Produktion zuständig, in das nahe Fallersleben, überredete den Dienststellenleiter und fragte ihn: „Wollen Sie ein Auto? Nun, ich will Kohle. Wenn ich Kohle bekomme, kann ich Autos bauen, und Sie bekommen eines. Wenn die nächste Zugladung mit Kohle durchkommt, will ich, daß sie zum Volkswagenwerk umgeleitet wird, egal für wen sie bestimmt ist. Wir laden die Kohle ab und lassen sie über Nacht verschwinden. Und Sie bekommen ihren Wagen." Um die Verpflegung der Arbeiter sicherzustellen, wurden gelegentlich Volkswagen an Bauern verliehen. Das Werk bewirtschaftete auch selbst zwei Bauernhöfe.

Der Käfer war wieder da!

Im August 1946 wurde mit 1350 Fahrzeugen ein Rekord aufgestellt. Und im Oktober 1946 war bereits der 10 000. Volkswagen gebaut worden. „Wir wußten, daß im Grunde der Wagen der Gewinner war", schrieb später der REME-Inspektionsoffizier Charles Bryce. „Es ist etwas am

Volkswagen, was bei allen, die irgendwie mit ihm zu tun haben, höchste Begeisterung hervorruft. Trotz aller seiner Fehler und aller Schwierigkeiten im Jahr 1946 gab es ein ‚Fieber' – auch bei uns."

Noch hatten Vorkriegsmodelle auf westdeutschen Straßen den größeren Anteil. Doch ganz langsam regte sich der Fortschritt. Das Karosseriewerk Baur in Stuttgart verpaßte dem DKW anstelle der gelegentlich munter vor sich hinfaulenden Holzkarosserie eine stabilere Ausführung aus Stahlblech. Behr in Stuttgart-Feuerbach stellte für 110 Mark eine Warmwasser-Autoheizung vor. Happich in Wuppertal entwickelte energieabsorbierende Schaumstoffverkleidungen für Armaturenbrett und Dachhimmel. Der Autohersteller Borgward stattete seine Modelle Hansa und Goliath anstelle mit den bislang üblichen Winkern mit den von Bosch neu entwickelten Blinkern aus.

Ferdinand Porsche bekam davon nicht mehr viel mit. Er hatte sich zurückgezogen, bevor die ersten Bomben auf das Werk niedergingen. Seinen eigenen Betrieb hatte er vorsichtshalber nach Gmünd im österreichischen Kärnten ausgelagert, wo er nach der deutschen Kapitulation einen neuen Leichtsportwagen bauen wollte. Aber die Geschäfte gingen

mühsam, das Geld reichte gerade für vier Exemplare des „Porsche 356". Da rollten eines Tages zwei britische Militärfahrzeuge auf Porsches Landsitz in Zell am See. Der alte Herr wurde zum Verhör mitgenommen. Warum er den „Maus" für die Hitler-Armee entwickelt habe, wollten die Briten wissen, den stärksten Panzer der Welt, mit 1500 PS auf 24 Rollen. Oder den „Tiger" mit Radnabenmotor – eine alte Porsche-Idee: In jedem Rad saß ein Elektromotor, der von einem Benzinmotor mit Strom versorgt wurde.

Porsche wurde auf Schloß Dusbin bei Frankfurt gebracht, wo jeder inhaftiert wurde, der im Dritten Reich zur Prominenz gezählt hatte. Als ihn die Briten entließen, kamen die Franzosen und holten ihn nach Baden-Baden ins Hauptquartier. Oberst Maffré, der Beauftragte für Industriekontrolle in Deutschland, machte ihm einen Vorschlag: „Frankreich möchte ein Auto bauen, das so gut ist wie der Volkswagen. Ein typisch französisches Fahrzeug, doch eben einen Volkswagen. Können Sie dieses Auto bauen?"

Porsche sagte zu. Der Technik sei es schließlich egal, in welchem Land sie sich entwickelt. Außerdem lag das Volkswagenwerk in Trümmern. Die

Käfer-Korso vor dem Brandenburger Tor! Obgleich bis Kriegsende kein einziger Käfer in Serie gebaut wurde, gingen in Wolfsburg über eine halbe Million Bestellungen ein.

Franzosen versprachen den Vertrag für den folgenden Tag. Doch stattdessen erhielt Porsche Besuch von der französischen Staatspolizei, die ihn zusammen mit seinem Sohn Ferry verhaftete. Inzwischen hatte in Paris die Regierung gewechselt und der Industrielle Jean Pierre Peugeot die Idee vom französischen Volkswagen zu Fall gebracht. Er ließ am 19. Februar 1947 den alten Herrn in das Gefängnis von Dijon überführen. Erst Monate später lag die Anklageschrift vor. Porsche habe französische Industrieeinrichtungen nach Deutschland bringen lassen, außerdem Hunderte von Arbeitern deportiert.

Nichts davon traf zu, aber Porsche konnte es nicht beweisen. Fast zwei Jahre war er Häftling in Dijon. Sein Augenlicht ließ nach, sein Lebensmut schwand. Dann kam seine französische Anwältin: „Können Sie eine Kaution stellen? Das Militärgericht verlangt eine Million Francs."

Niemand in Deutschland hatte damals soviel Geld, um Porsche zu helfen. Und doch schnappte eines Tages der Riegel der Zellentüre zurück: „Porsche, alles zusammenpacken", schnarrte der Wärter. Im Verhörzimmer empfing ihn die Anwältin: „Das Geld ist da!" lautete ihre Freudenbotschaft.

„Von wem? Wissen Sie, von wem?"

„Von Charles Farroux."

Farroux war Sportjournalist und hatte viel über Porsche und seine siegreichen Rennwagen geschrieben. Und er war Franzose – ein Freund unter Feinden.

Als Porsche wieder nach Deutschland kam, begegneten ihm auf der Autobahn viele Volkswagen. Der alte Herr konnte kaum seine Rührung verbergen.

Dann stand er vor den Werkshallen in Wolfsburg, wurde vom neuen Generaldirektor Nordhoff empfangen, der endlich Porsches Lebenstraum verwirklicht hatte: die Massenproduktion des Käfers. Nordhoff erzählte später: „Es war ein Besuch voller Rührung. Porsche war gekommen, um sein Geistesprodukt zu sehen, aber er war ein kranker Mann. Wir blieben in meinem Büro, denn er fühlte sich nicht wohl, so daß er die Produktionshallen nicht besichtigen konnte. Er schien mit seinem Leben abgeschlossen zu haben."

In der folgenden Nacht erlitt der große alte Mann einen Schlaganfall. Am 30. Januar 1951 starb Ferdinand Porsche.

Der große Boom brach in Wolfsburg nach der Währungsreform 1948 aus. Schon zehn Jahre später war VW in über 100 Ländern vertreten und der Käfer auf dem Weg zum erfolgreichsten Auto aller Zeiten.

WOLFSBURG

Am 15. September 1937 beobachtete Werner Graf von der Schulenburg in der Nähe seines Schlosses eine lange Wagenkolonne mit Hakenkreuz-Stander. Es handelte sich um eine Regierungskommission, die nach einem geeigneten Gelände für den Bau der Volkswagenfabrik Ausschau hielt. Reichskanzler Adolf Hitler persönlich hatte die Anweisung gegeben, das Werk müsse in der Mitte von Deutschland gebaut werden, in der Nähe eines Kanals, an einer Haupteisenbahnlinie und einer Autobahn. Der Schulenburgsche Besitz erfüllte alle diese Voraussetzungen. Die Gemarkungen Fallersleben, Sandkamp, Barnsdorf und Hattorf wurden teilweise in das Werksgelände einbezogen, in Mörse das Rittergut der alteingesessenen Familie von der Wense. Die Dörfer Hasslingen und Rothehof mit insgesamt 857 Einwohnern wurden aufgelöst. In der Nachbarschaft der seit dem 11. Jahrhundert im Besitz der Schulenburgs befindlichen Wolfsburg wurde das Käfer-Werk betoniert, am 1. Juli 1938 die „Stadt des KdF-Wagens bei Fallersleben" gegründet.

VW-WERK IN DER MITTE DEUTSCHLANDS

Der österreichische Architekt Peter Koller erhielt den Auftrag, die Pläne für eine Stadt von 90 000 Einwohnern zu entwerfen. Auf der Automobilausstellung 1938 wurde in Berlin erstmals öffentlich ein Modell der „Autostadt" gezeigt, deren Merkmal bis zu 100 Meter breite Ringstraßen mit Parkstreifen für die zu erwartende „Volksmotorisierung" waren. Für das Gesamtprojekt Wagen, Werk und Stadt war die Deutsche Arbeitsfront zuständig, eine unter dem Druck der Nationalsozialisten entstandene Zwangsvereinigung aller deutschen Arbeitnehmer und -geber. Bei der Grundsteinlegung am 26. Mai 1938 standen neben einigen Baubuden drei nagelneue Volkswagen bereit, eine Limousine, eine Limousine mit Sonnendach und ein Cabriolet, alle hochglanzpoliert. Hitler klopfte mit einem silbernen Hammer den weißen Grundstein in den Mörtel. Die *New York Times* berichtete, der Käfer trage den Spitznamen „Hitler-Baby", und nach dem Tempo zu urteilen, „mit dem man heute im Dritten Reich vorwärtskommt, werden die Bürger nicht lange auf ihren Wagen warten müssen".

Es dauerte dann doch länger als angenommen. Hitler bat Mussolini, Bauarbeiter zu schicken, und im März 1939 arbeiteten bereits 2250 Italiener in Wolfsburg. Porsche ernannte seinen Schwiegersohn Dr. Piech zu seinem Stellvertreter im Werk. Wo sich heute anderthalb Kilometer lang die Werksfront, gegliedert in 22 Gebäude, entlang dem Mittellandkanal erstreckt, mit dem mächtigen Verwaltungshochhaus im Westen und den beiden Kraftwerken im Osten, wurde kurz vor Ausbruch des Zweiten Weltkriegs die erste Baustufe abgeschlossen. Die Hallen wurden ohne Keller konzipiert und sind in ihrer Grundstruktur bis heute unverändert. Im Erdgeschoß befinden sich Belegschaftsräume, Materiallager und Leitungsnetz. Im darüber liegenden hohen Hallengeschoß sind die Maschi-

Heinrich Nordhoff war der erste VW-Chef. Als der ehemalige Opel-Mann 1961 starb, hinterließ er einen steinreichen Konzern, aber auch eine Käfer-Monokultur, die VW um ein Haar in die Pleite geführt hätte.

Nach Kriegsende fehlte es im VW-Werk an allem: an Energie, an Rohstoffen und an Ersatzteilen. Um die Verpflegung der Belegschaft sicherzustellen, bewirtschaftete das Werk sogar zwei Bauernhöfe in der Nachbarschaft der Produktionsanlagen.

nen und Fließbänder. Unter den teilweise verglasten Tonnendächern transportiert ein System von Förderbändern die Montageteile.

Fast die gesamte Belegschaft wohnte in Holzbaracken. „Bevorzugt stellten die Ämter für das Bauprojekt unbequeme Arbeiter ab, die sich politisch links betätigt hatten und das NS-Regime zutiefst ablehnten", heißt es in einer Chronik der Werksgründung. „Frauen, kommt zur Nähstube!" lauteten die im ganzen Reich veröffentlichten Stellenanzeigen. Im „Gemeinschaftslager Volkswagenwerk" fand am 3. Juni 1939 ein „fröhlicher Feierabend mit dem Reichsarbeitsdienst unter Mitwirkung des Gaumusikzuges" statt – dies nur als willkürlich herausgegriffenes Beispiel für das damalige „Gesellschaftsleben" der VW-Werker. Bei Kriegsende waren insgesamt 17 109 Arbeitskräfte beschäftigt, davon ein großer Teil Kriegsgefangene und Zwangsarbeiter. Unter den 8234 Deutschen waren viele Wehrmachtsangehörige, die eine Strafe zu verbüßen hatten.

Schon bald mußte die Produktion auf kriegswichtige Güter umgestellt werden, auf Läufräder für Panzerketten, Feldöfen, 250-Kilo-Bomben und natürlich Kübelwagen. Nach dem ersten Bombenangriff am 8. April 1944 wurden die großen Hydraulikpressen durch starkes Mauerwerk so wirksam gegen weitere Angriffe geschützt, daß bei Kriegsende nur neun Prozent beschädigt oder zerstört waren. Kleinere Werkzeugmaschinen wurden auf von Traktoren gezogenen Schlitten in Dörfer und Feldscheunen der Umgebung ausgelagert. Nach insgesamt sechs Luftangriffen waren etwa zwei Drittel der ersten Baustufe erheblich beschädigt. Die

vorrückende US-Armee schickte einen einzelnen Panzer zur Erkundung der Ansammlung von Baracken und halbfertigen Stadtteilen, die auf keiner ihrer Karten verzeichnet war. Zwei Monate später wurden die Amerikaner von den Briten abgelöst, die am 25. Mai 1945 die „KdF-Stadt" in Wolfsburg umtauften.

Weil die Regierung in London sich aufgrund verschärfter Spannungen mit der Sowjetunion auf einen politischen Ost-West-Gegensatz einrichtete und die Deutschen als mögliche Bundesgenossen für die Zukunft betrachtete, kam die Wolfsburger Autoproduktion zwar mühsam, aber doch bald wieder in Gang. Richard Berryman, der bereits bei General Motors in Kanada und England gearbeitet hatte, testete als Kontrolloffizier einen der ersten Nachkriegs-VWs. Er jagte ihn über Feldwege und durch Schlaglöcher, erreichte aber nur, daß die Türen klapperten. Er war so beeindruckt von dem Auto, daß er sogar versuchte, die Karosserie dem englischen Hersteller Rootes zu verkaufen. Sir William lehnte jedoch ab, und als sich die beiden Jahre später wieder begegneten, gab er zu: „Ich wünschte, ich hätte damals auf Sie gehört!" Auch Testingenieure der britischen Firmen Singer Motors und Humber Motor Car Company kamen zu dem Urteil, der Volkswagen sei „ein gut gebauter Wagen in solider Bauweise mit großen Fortschritten bei der Karosseriekonstruktion".

Die VW-Belegschaft produzierte unter schwierigsten Bedingungen. Es fehlte an Kohle, an Rohstoffen, an Bauteilen. Und es fehlte ein Boss. Da hörte der inzwischen mit der Werksleitung betraute Major Ivan Hirst von

Heinrich Nordhoff. Der frühere Opel-Mann mochte das VW-Projekt eigentlich nicht. Er war der Meinung, daß der Staat nicht als Konkurrenz zur Privatwirtschaft auftreten dürfe. Der in Hildesheim als Sohn eines Bankiers geborene Ingenieur ging zunächst zu BMW, dann zu Opel, wo er in Rüsselsheim im Kundendienst arbeitete. Als Leiter des Berliner Büros, das mit der Produktion von Militärlastwagen befaßt war, kletterte er die Karriereleiter bis zum Chef des Werkes Brandenburg empor. Nach dem Krieg kehrte er nach Rüsselsheim zurück, erhielt dort daber den Bescheid, daß er wegen seiner leitenden Stellung bei der Produktion von Kriegsmaterial keinerlei Aufstiegsmöglichkeiten habe. Nordhoff kündigte und ging nach Hamburg, wo den kühl-schroffen, inzwischen 49 Jahre alten Autofachmann die Einladung nach Wolfsburg erreichte.

Als er das Werk besichtigte, war er schockiert. Man hatte zwar die Kriegstrümmer weggeräumt, doch kaum Reparaturen durchgeführt. Trotzdem sagte er dem mit den Verhandlungen befaßten britischen Major Charles Radclyffe zu.

„Unter welchen Bedingungen?" wollte der Engländer wissen.

„Ich wünsche keine Einmischung!"

„Gilt das auch für die Engländer?"

„Das gilt vor allem für die Engländer!" blieb Nordhoff standhaft.

„In Ordnung, Sie haben freie Hand", schlug der Brite ein.

Die Arbeitsbedingungen waren schlecht. Wenn es regnete, standen die Arbeiter an dem im Keller installierten Motor-Montageband bis zu den Knien im Wasser. Auf jeden Arbeiter entfielen etwa 1000 Arbeitsstunden pro Fahrzeug – nach Nordhoffs Berechnungen durften es aber nur halb so viele sein. Die Monatskapazität lag bei 2500 Fahrzeugen, aber wegen Materialmangel wurden nur etwa 1000 gebaut. Noch wurden die Volkswagen nicht frei verkauft, sondern an Polizei, Post und Ärzte regelrecht verteilt. Aber Nordhoff dachte weiter: Die Herstellungskosten lagen bei etwa 5000 Mark pro Fahrzeug, und das war mehr als der Verkaufspreis. Trotzdem lief bereits im Mai 1948 der 25 000. Volkswagen vom Band. Drei Wochen später wurde mit der Währungsreform die neue D-Mark

Serienfertigung in den Kindertagen des Käfers: Technische Besonderheit war die im Unterschied zu modernen Autos nicht selbsttragende Karosserie, die auf eine Bodengruppe montiert wurde.

eingeführt, und über Nacht brach eine allgemeine Kauflust aus. Im Oktober 1948 wurden 2154 Käfer gebaut – und verkauft! Im Januar 1949 betrug der Auftragsbestand 22 000 Fahrzeuge. Nach der Währungsreform kostete der Standard-Käfer 5200 Mark. Sieben Jahre später sank er auf seinen günstigsten Preis von 3790 Mark.

Weil jedoch mit den Preisen auf dem Heimatmarkt kaum Gewinne zu machen waren, stand Nordhoff bald vor dem Problem, das viele Kollegen seiner Manager-Generation hatten: Verkaufen ließ sich in den Jahren des Mangels fast alles, weshalb die damals eher praktisch veranlagten Unternehmer ihre Betriebe mit Improvisation und Fingerspitzengefühl führten. „Der Führungsstil des Nachkriegsmanagers", so das Frankfurter Fachblatt *Volkswirt*, „war geprägt von von einer Art Individualinstinkt." Nordhoff war einer der ersten, die einsehen mußten, daß sich das Gewicht zunehmend von der Produktion auf den Verkauf und die Verkaufsförderung zu verlagern begann. Kein Weg führte ihn an dieser Einsicht vorbei, wenn der Käfer auch in den Vereinigten Staaten verkauft werden sollte.

Nordhoff wandte sich deshalb zunächst an Ben Pon, der bereits in Holland nicht weniger als 1820 Volkswagen verkauft hatte und damit der erste VW-Auslandsvertreter war. Der agile Holländer hatte zwar mit seinen Bemühungen, Kontakte zu US-Händlern zu knüpfen, wenig Glück, doch er lieferte mit der Skizze für den ab 1950 gebauten Transporter die

Idee zu einem der größten VW-Erfolge. Nordhoff flog auch selbst in die USA und verhandelte beispielsweise mit Chrysler-Händlern. Doch den kleinen Käfer, im Unterschied zu den chromglänzenden amerikanischen Straßenkreuzern auch noch bescheiden ausgestattet, wollte niemand verkaufen und erst recht niemand kaufen.

Da hatte Nordhoff die Idee, mit einem Preisaufschlag von zehn Prozent ein besser ausgestattetes Export-Modell anzubieten. Für 5450 Mark gab es verstellbare Vordersitze, Chromleisten an Fenstern und Motorhaube, ein optisch ansehnlicheres Lenkrad, bessere Polsterung, Winker, Wischer mit zwei Geschwindigkeiten und einen synchronisierten ersten Gang. Viele dieser Änderungen kamen einer Revolution gleich – so auch die nicht mehr mechanisch, sondern nun hydraulisch betätigte Bremse. Der „Export" hatte so großen Erfolg, daß er auch auf dem heimischen Markt bald den „Standard" zu überflügeln drohte.

NEW YORKER KÄFER-PARTY FÜR US-EXPORT

Aber der Zugang zum mit Dollars gepflasterten US-Markt blieb auch dann noch schwierig, als am 16. April 1950 erstmals auf der exklusiven New Yorker Park Avenue bei der Hoffman Motor Car Company ein Käfer im Show-Room stand. Maximilian Hoffman hatte sich als „Mr. Import"

Im Laufe der Jahre wuchs das VW-Werk zur größten Automobilfabrik der Welt heran, in der heute täglich über 3000 Fahrzeuge gebaut werden, teilweise voll automatisiert.

einen Namen gemacht. Doch an jenem Sonntagnachmittag hatte er alle sonst üblichen Modelle aus Old Europe, die Jaguars, Citroëns und Delahayes, weggeräumt und einen VW-„Standard" für 1280 Dollar und einen Cabrio-Käfer für 1997 Dollar in den Mittelpunkt einer Nachmittags-Cocktailparty gestellt. Die vornehmen Gäste schlürften ihre Drinks und plauderten über Autos, doch sie kauften nicht. Das hatte Hoffman auch nicht erwartet. Ihm ging es vielmehr um das Presseecho, das prompt einsetzte. Wochenlang berichteten die Zeitungen über diese seltsamen kleinen Autos aus Deutschland. Und auch wenn Hoffman der eigentliche Verkaufserfolg versagt blieb, hatte VW damit doch eine wichtige Etappe auf dem Weg in den US-Markt erreicht.

VW-General Nordhoff macht Wolfsburg zur führenden Industriestadt

Der VW-Kombi wurde neben dem Käfer zum erfolgreichsten Volkswagen. Seine Form geht auf eine Skizze des holländischen VW-Importeurs Ben Pon zurück.

1950 wurden in Wolfsburg bereits 90 038 Käfer produziert. 1951 waren es 105 712 und zwei Jahre später schon 179 740. Der Export kletterte von 1951 mit 35 712 Wagen auf 68 754 Fahrzeuge im Jahr 1953. Inzwischen lief das Exportgeschäft so stürmisch, daß VW in 88 Ländern vertreten war. 1954 erreichte der Umsatz erstmals die Milliarden-Grenze. Im folgenden Jahr wurde der millionste Käfer produziert. Das Export-Modell kostete 4600 Mark, und das Cabrio wurde für 5990 Mark mit einem kräftigen Luxusaufschlag verkauft. Im Sommer des gleichen Jahres kam außerdem der „Ghia" für 7500 Mark auf den Markt und brachte einen Hauch italienischer Lebensart nach Deutschland. Die deutsche Autoproduktion war zehn Jahre nach dem Zweiten Weltkrieg auf den zweiten Rang der internationalen Branche hinter den USA geklettert, und Volkswagen hatte daran einen erheblichen Anteil.

Die Konkurrenz war indessen hart. Und der Käfer war keineswegs billig. Der Grund lag vor allem in der anspruchsvollen Qualität. Otto Höhne, einer der VW-Leute der ersten Stunde, beschrieb das Problem so: „Beim Getriebe werden alle Teile geprüft, bevor sie montiert werden. Dann, wenn alles zusammengebaut ist, wird das Getriebe nochmals geprüft. Schließlich wird das Getriebe in den Wagen eingebaut und am Ende des Bandes abermals geprüft."

Noch problematischer war die Tatsache, daß der Käfer über Jahre praktisch unverändert gebaut und immer nur in winzigen Details verbessert

wurde. Das lag freilich nicht nur an Nordhoffs Sturheit, sondern nicht zuletzt am technischen Konzept des Käfers. Denn Porsche hatte festgelegt, daß sein Volkswagen dieselbe Stabilität aufweisen sollte wie ein vergleichsweise größeres Fahrzeug. Deshalb ließ er die Karosserie aus vielen kleinen Teilen zu der bekannten Buckelform zusammenschweißen, die technisch betrachtet eine geodätische, äußerst stabile Kuppel war. Das machte den Käfer nicht nur teuer, auch jede grundsätzliche Änderung war schwierig. Über 6000 Schweißpunkte wurden für die Käfer-Karosserie benötigt. Das war doppelt soviel wie bei den größeren amerikanischen Fahrzeugen. Um derart viele Schweißpunkte genau anzubringen, war kostspieliges Werkzeug notwendig, das man nicht einfach auswechseln konnte.

Tatsächlich war nicht der Motor, sondern vor allem die Karosserie das Besondere am Käfer. Und Nordhoff machte aus seiner Zwangssituation eine Tugend, indem er später betonte: „Die einzige Entscheidung, auf die

„Und läuft und läuft und läuft…" Mit diesem Werbeslogan setzte VW neue Maßstäbe. Der Käfer wurde weltweit zum Symbol des Autos schlechthin – zuverlässig, preiswert und ungewöhnlich.

rischer Feder: „Der erfolgreichste ausländische Wagen kam gestern nach Detroit und prahlte mit einer neuen Benzinuhr, einem Zehn-Cent-Artikel, der hoffentlich Los Angeles davon bewahren wird, vom Smog verschlungen zu werden." Die Benzinuhr war tatsächlich die einzige wesentliche Neuheit am neuen Käfer.

Nordhoffs Modelltreue wurde zwar bei Kunden und Fachjournalisten zunehmend murrend registriert, war aber zugleich Grundlage für die Popularität des Käfers. Besonders in den USA begannen Käfer-Witze die Runde zu machen, etwa von dem Millionär, der einen neuen Cadillac kauft und statt Wechselgeld Käfer nimmt. Oder von dem Esel, der zum Käfer sagt: „Was bist du eigentlich?" Der VW: „Ich bin ein Auto. Und du?" Der Esel: „Ich bin ein Pferd!" In der Tageszeitung *San Francisco Chronicle* erschien eine Story über eine Szene an der Kreuzung Mc Allister und Larkin: „Man muß es gesehen haben, wie ein Linienbus und ein VW sich Nase an Nase gegenüberstehen und der kleine Käfer sich weigert auszuweichen. Schließlich langt der Busfahrer unter den Sitz und greift sich eine Dose Insektenpulver und bestäubt damit den Käfer." In Zeitungen erschienen Anzeigen: „Verkaufe Volkswagen mit Sonnendach. Familie wächst. Wagen nicht." Oder: „Verkaufe VW-Limousine, Baujahr 1964, mit Kilometerstand nahe Pensionsgrenze, bei bester Gesundheit, möchte deshalb aktiv bleiben."

ich wirklich stolz bin, ist die, das ich es abgelehnt habe, Porsches Konstruktion zu ändern. Man kann leicht Wagen verkaufen, indem man etwas Neues bringt. Wir haben den schwierigeren Weg gewählt. Der normale Weg wäre der, zu ändern, Kunden durch neues Styling, neue Motoren, größere Wagen anzulocken. Wir werden das nicht tun. Wir haben zwei Millionen Volkswagen gebaut. Wenn der viermillionste gebaut wird, wird er genauso aussehen."

Der viermillionste VW wurde 1960 gebaut, zwei Jahre später. Im gleichen Jahr präsentierte Dr. Carl Hahn, Volkswagens erster Mann in den USA und eigentlich kein Autoverkäufer, sondern ein intellektueller Wirtschaftswissenschaftler, das neueste Käfer-Modell. Er lud die Journalisten nach Detroit ein, ausgerechnet nach Detroit, der Hochburg der amerikanischen Automobilindustrie. Auch im folgenden Jahr fand die Vorstellung des neuesten Käfers wieder in Detroit statt. Doch dieses Mal riß Ben Phlegar von Associated Press der Geduldsfaden, und er schrieb mit sati-

DIE KÄFER-MONOKULTUR HÄTTE VW FAST IN DIE PLEITE GETRIEBEN

Nordhoff hatte Volkswagen zu einem der erfolgreichsten Unternehmen, den Käfer zu einem Mythos gemacht. Als er 1968 starb, hinterließ er seinem Nachfolger Kurt Lotz einen steinreichen Konzern mit 600 Millionen Mark Jahresgewinn, aber auch eine Käfer-Monokultur, die dem Konkurrenzkampf wenig entgegenzusetzen hatte. Lotz, ein 1,92 Meter großer Bauernsohn aus der Gegend von Kassel, nach dem Abitur bei der Polizei, im Krieg als Major bei einer Flak-Division, hatte sich in neun Jahren bei der Mannheimer Elektrofirma BBC vom ungelernten Buchhalter in den Vorstand hochgearbeitet. Doch als er sich auf den Wolfsburger Chefstuhl setzte, machte er sich mit einem militärischen Führungsstil wenig Freunde. Die ehemals stolzen Absatzzahlen des Käfers gingen zurück, die Modellpalette wurde immer unübersichtlicher.

Sein Nachfolger Rudolf Leiding, der bereits die VW-Tochter Audi aus der Krise gefahren hatte, gewann ab 1971 mit in Rekordzeit auf die Bänder gehobenen Modellen verlorene Marktanteile zurück. Golf, Passat und Audi sicherten VW eine deutliche Führung auf dem deutschen Markt. Doch die Wirtschaft kriselte, die Kunden hielten sich zurück. Volkswagen drohte die Zahlungsunfähigkeit, den Werken Neckarsulm und Emden die Schließung. In dieser Situation sollte 1975 Toni Schmücker neuen Auftrieb bringen. Bei Ford zum Automann aufgestiegen, galt er als harter Sanierer maroder Firmen wie Rheinstahl; er reduzierte nicht nur die Belegschaft, sondern befreite VW endgültig von der Käfer-Abhängigkeit. Auf ersten Transferstraßen für Dach, Seitenteile, Türen sowie Getriebe- und Motorgehäuse des Käfers hatte man bereits Ende der fünfziger Jahre mit der Automatisierung der Fertigung begonnen. Um dem Kostendruck zu entgehen, verfolgte Schmücker nun diesen Trend konsequent weiter.

Unter seinem Nachfolger Carl Hahn, der ehemals Volkswagen in den Vereinigten Staaten vertreten und dann als Vorstandsvorsitzender zu den Continental Gummi-Werken nach Hannover gewechselt hatte, wurden Montageroboter in der bald weltberühmten Halle 54 installiert und die Modellpalette durch elektronisch gesteuerte Einspritzer und 16-Ventil-Turbos erweitert. Im neuen Entwicklungszentrum wurden die Abteilungen Styling, Konstruktion, Versuchsbau und Test unter einem Dach vereinigt. Hinzu kamen ein Windkanal sowie das zehn Quatratkilometer große Versuchsgelände. 1981 wurde der 20millionste Käfer gebaut. Der spanische Autohersteller SEAT kam im folgenden Jahr, die tschechische Traditionsmarke Škoda 1991 zur VW-Familie. Als am 23. März 1987 in Wolfsburg der 50millionste

Volkswagen vom Band lief, handelte es sich bei dem Jubiläumsmodell allerdings nicht mehr um einen Käfer – es war ein Golf.

WOLFSBURG, DIE GRÖSSTE AUTOFABRIK DER WELT

1993 übernahm Ferdinand Piech die Führung des Lebenswerkes seines Großvaters Ferdinand Porsche und wurde damit Chef in Wolfsburg, der größten Autofabrik der Welt: „Das Werk ist so groß", kommentierte er die gigantischen Anlagen, „da muß man andere Bewertungsmaßstäbe anlegen. Es wurde als Monokultur geplant, es ist das Erbe der Käfer-Zeit. Man baut heute keine so große Fabrik mehr, in der über 3000 Autos am Tag vom Band laufen. Es gibt hier allein elf Kilometer Kettenförderer, die an der Decke laufen. Wenn die reißen und wenn hier ein, zwei Stunden am Tag die Fabrik steht, ist das wie ein Erdbeben. Das in den Griff zu bekommen, ist sehr schwer. Ich habe mal einen Techniker, den ich für uns gewinnen wollte, hier durchgeführt. Nachdem ich ihm die Halle 54 mit der automatischen Montage gezeigt habe, wollte er eigentlich nicht mehr kommen. Da stehen zwei Anlagen, wo eigentlich nur eine benötigt wird. Die zweite dient nur als Ersatz, weil die andere 50 Prozent der Zeit steht. Wir wollen das Werk jetzt in fünf Unterwerke aufteilen, in denen wir fünf verschiedene Modelle fertigen."

Da weiß man, was man hat.

Es gab viele erfolgreiche Autos – vom „Mini" bis zur „Ente" –, doch keines prägte das Straßenbild in der zweiten Hälfte des 20. Jahrhunderts so eindeutig wie der Käfer.

DER MYTHOS „KÄFER"

Als der Käfer erwachsen wurde, fuhr gerade mal einer von hundert Deutschen ein Auto. Sie fuhren Isetta, Heinkel-Kabinenroller, Tempo-Dreirad, Opel P4, DKW mit wachstuchüberzogener Sperrholz-Karosserie oder, wie zu Kriegszeiten, noch immer Holzvergaser. Ersatzteile, Benzin und Reifen gab es nur auf Bezugsschein, und weil es keine Bezugsscheine gab, nur auf dem Schwarzen Markt. Die Deutschen fuhren „Holzklasse". So nannte man die damals noch übliche 3. Klasse der Eisenbahn. Die war fast immer hoffnungslos überfüllt, weil sich niemand ein Auto leisten konnte. Aber wenn schon mal Platz war im Abteil, an einem sonnigen Nachmittag, dann wurde auf der Holzbank ein Tischtuch ausgebreitet,

Brot, ein wenig Wurst oder Käse, ein Salzfäßchen für die Tomaten: Nachkriegsidylle.

Der Käfer zählte, genau genommen, nicht mehr zur Holzklasse, denn seine Sitze waren bescheiden über einem Rohrrahmen gepolstert. Der Käfer war auch kein überdachtes Motorrad, kein Auto-Ersatz wie beispielsweise das Goggomobil oder die BMW-Isetta. Er war ein richtiges Auto. Und im Käfer herrschte Idylle. Wer einen Käfer fuhr, taufte ihn „Hoppla", „Schnucki" oder „Poldi". Er war vollwertiges Familienmitglied, aufgerüstet aus dem Angebot einer bald heftig florierenden Zubehörversorgung, mit Polsterrollen für die Rückbank, zusätzlicher Sonnenblende für den Beifahrer und, natürlich, der unvermeidlichen Blumenvase am Armaturenbrett. Die Zubehörbranche reimte ihre Angebote um die Wette. Es wurde überhaupt viel gereimt, damals in den Frühzeiten der Werbung: „Was das Korsett für die Figur, ist MEPUPU für Politur" – so lautete der Vers für ein Metallputzpulver. „Was für den Mann die Krawatte, ist für den VW die Griffschutzplatte", dichtete der Hersteller lebensnotwendigen Zubehörs wie einer Griffschutzplatte zur Käfer-Fronthaube.

Der Käfer war das erste „richtige" Auto der deutschen Nachkriegsära. Das Cabrio-Modell wurde mit einem saftigen Luxus-Aufpreis von rund 1500 Mark angeboten.

Wir wahren die Form. Bis zum Schluß.

Über die Form des Käfers gab es keine Diskussion. Sie war vernünftig. Sie war praktisch. Sie war verblüffend einfach. Und sie verkaufte sich so oder so.
Natürlich haben wir einen Käfer im Laufe der Zeit tausend kleine Verbesserungen angedeihen lassen. Weil wir das Auto immer weiter verbessern wollten, wie's der Zeitgeschmack so mit sich brachte.

Die Grundform jedoch haben wir bis heute erhalten. Alles blieb glatt und rund an diesem Wagen. Fast 21 Millionen Käfer-Käufer auf der ganzen Welt fanden das auch völlig in Ordnung.
Jetzt verabschiedet sich der erfolgreichste Automobilform aller Zeiten. In Gestalt von 2.400 exclusiv ausgestatteten Käfern.

Und in der Erfolgsspur des Käfers läuft längst ein anderer Volkswagen: der Golf. Inzwischen schon das 7millionenmal verkauft. Das meistgekaufte Auto der Nation.
Formvollendet und vielseitig beliebt. Eine neue Form von Volkswagen.

Da weiß man, was man hat.

Die Werbung trug erheblich dazu bei, daß aus dem Käfer ein Kultauto wurde. Vor allem in den USA stieg das bucklige Vehikel zum Sinnbild für automobile Individualität auf.

seine bessere Hälfte

„Ich und mein Käfer, wir erobern die Welt!" Diesen optimistischen Lebensmut vermittelte die Käfer-Werbung bis weit in die sechziger Jahre.

Autoradio gab es praktisch nicht. UKW war noch nicht erfunden, mobiler Hörgenuß somit unbekannt. Trotzdem herrschte im Käfer die totale Wohnzimmer-Atmosphäre. Mit Kind und Kegel be- und überpackt, brachen die ersten Käfer-Karawanen auf zu den Badestränden des Südens, wenigstens aber zum Baggersee am Stadtrand.

Das Heckfenster war ein winziges, zweigeteiltes Bullauge, die Sitzbezüge trugen trauriges Filzgrau, die Lackierung beschränkte sich fast durchwegs auf düsteres Schwarz oder Blau. Doch in den Herzen der Käfer-Fahrer leuchtete ein helles Licht, wenn sie sich hinter das fragile Speichenlenkrad klemmten und zum ebenso zerbrechlich wirkenden Schaltstock griffen. Das Durchschnittstempo lag bei 60 km/h, Autobahnen waren selten und herrlich leer, die Landstraßen kurvig und romantisch schmal. „Ich und mein Käfer, wir erobern die Welt", flüsterte der Lebensmut in einem Land, das sich anschickte, aus Ruinen zu erstehen. Käferfahren begann Kult zu werden.

Kult entsteht, wenn sich die aktuelle Situation vom Ursprung des verehrten Gegenstandes entfernt, wenn eine nostalgische Distanz entsteht. Dies traf auf den Käfer um so deutlicher zu, als diese Entwicklung mit bislang nie gekannter Geschwindigkeit ablief. Am Käfer machte eine ganze Generation die Erinnerungen an ihr erstes Autoerlebnis fest – doch längst hatten sich die Lebensverhältnisse gründlich geändert. Der Käfer genoß die Verehrung jener automobilen Gründerzeit. Käfer-Fahren wurde zum Ritual.

DER KÄFER – EIN PRODUKT DEUTSCHER GERADLINIGKEIT

Die Deutschen der Nachkriegszeit setzten auf Wirtschaftlichkeit und Qualität. „Das, was kaputtgehen könnte, bauten wir so, daß es nicht leicht kaputtgehen kann", erinnerte 1965 eine Käfer-Anzeige an die damals wesentlichen Werte: „Wir stecken viel Mühe in Dinge, die man nicht sieht. Wie der übergroße Hubraum. Der viel größer ist, als er eigentlich zu sein brauchte, um seine 34 PS zu entwickeln." Noch 20 Jahre nach dem Weltkriegsdebakel dachten die Deutschen geradlinig, ohne Umschweife. Die technische Einfachheit des Käfers leuchtete ihnen ein. Daß die Türen so schwer zu schließen waren, galt ihnen als Zeichen logischer Konsequenz: Weil alle Einzelteile eines Käfers so genau zusam-

DIE KLASSENLOSE AUTOGESELLSCHAFT

Der VW-Käfer wurde zum Wirtschaftswunderauto. Und die Fama des Wirtschaftswunders ist gleichbedeutend mit der klassenlosen Gesellschaft: Alle Deutschen bekamen 1948 bei der Währungsreform vierzig Mark als Startgeld, und alle hatten damit gleiche Chancen. Wer diese Chancen nutzte, kaufte sich einen Käfer – und damit war der Käfer das Symbol der klassenlosen Gesellschaft.

Der New Beetle hingegen ist kein Deutscher. Er zehrt zwar von der Käfer-Legende, doch im Grunde ist er ein ganz anders Auto, von viel härterem Kaliber. Käfer und New Beetle sind beide „Vauwehs", doch der Käfer entstammt einer Periode der deutschen Geschichte, die als Fundament der heutigen Gesellschaft gilt. Der New Beetle hingegen ist nicht Ausdruck einer eigenständigen Geschichtsperiode, sondern nur das Kind nostalgischer Gefühle für den alten Käfer. Er entstand in den USA und ist damit Ausdruck der dortigen Wunscherfüllungsindustrie. Beide, der True *Beetle* wie der *New Beetle*, sind somit ein Hinweis auf sich verändernde Zeiten.

Veränderte Zeiten? Ja doch!

Der Amerikaner Henry Ford baute sein T-Modell, die berühmte „Tin Lizzy", über 15 millionenmal, damit jeder Bürger einen fahrbaren Untersatz hatte, preiswert und erstmals in der Industriegeschichte am Fließband produziert. Und genau das war auch die Grundidee für den Käfer: ein Auto für alle, billig, tauglich, für eine Nation von Autobesitzern. Daß dieser Traum unerfüllt und der Käfer mit Ausnahme einiger Vorserienmodelle bis nach dem Zweiten Weltkrieg ungebaut blieb, das hatte mit Ferdinand Porsches Partner zu tun, jenem Herrn mit dem Chaplin-Bärtchen.

Als dann die Deutschen tatsächlich ihren Käfer kaufen konnten, waren die Amerikaner längst weiter. In Deutschland war der Besitz eines Autos zunächst einmal das Privileg des Familienoberhauptes, und das war in aller Regel damals männlichen Geschlechts. Papa wachte über sein Auto, ließ die Gattin nur selten ans Lenkrad und schon gar nicht den Nachwuchs. Der Käfer war Familienmitglied und Kamerad, aber Papis ausschließlicher Besitz.

Gesellschaftlich heißt das: Die Amerikaner hatten längst das Stadium der demokratischen Motorisierung erreicht. Autos gehörten jedermann, waren selbstverständlicher Teil des allgemeinen Lebens. In Deutschland hinkte man dagegen noch weit hinterher. An Demokratie dachte man zwar politisch, aber gewiß nicht, wenn es um den Käfer ging. Der Riß zwischen dem neuen Gesellschaftsverständnis und den alten Strukturen zog sich mitten durch dir Familien, denn der Käfer sollte ein Auto für alle sein, war aber zunächst das Auto des Familienoberhauptes.

Und überhaupt, als die Deutschen ihren ersten Käfer kauften, hatten die Amerikaner längst ihren Zweit-, Dritt- oder Viertwagen in der Garage. Die amerikanische Autonation war der Käfer-Nation immer einige Schritte voraus – bis der New Beetle kam. Er repräsentiert den selbstverständlichen Umgang der Amerikaner mit dem Auto, freilich mit Hinweis auf seinen deutschen Stammvater: technischer Spaß verbunden mit Geschichtsbewußtsein. Zwei unterschiedliche Autokulturen finden beim New Beetle zusammen.

Zwanzig Millionen Käfer feierte Wolfsburg 1981. Doch das Erfolgsauto hatte den Zenit seiner unvergleichlichen Laufbahn bereits überschritten, denn nun begann der Nachfolger „Golf", das Kultauto zu verdrängen.

menpassen, verkündete die Käfer-Werbung, sei er nicht nur regenfest, sondern eben auch so gut wie luftdicht. Deshalb, so die Empfehlung, sollte man eben erst ein Fenster öffnen, bevor man die Tür schließt. Einfach, robust, gut – das war die dreifache Überzeugungskraft, ohne modischen Firlefanz und trendige Höhensprünge. „Es gibt Formen, die man nicht verbessern kann", lautete der Slogan einer landesweit bekannten Anzeige, mit einer Ei-Form illustriert, auf die ein Käfer skizziert war. Damit wurde suggeriert, der Käfer sei kein Auto unter vielen, sondern das Auto schlechthin.

DER KÄFER ALS KLASSENLOSES AUTO

Der Käfer galt den Deutschen als ideal, perfekt und damit als zeitlos. Er vertrug sich mit der idealisierenden Vorstellung von der klassenlosen Gesellschaft der Bürger, die entschlossen Hand anlegten, um das Leben zu meistern. Und er konnte mühelos mithalten, als sich Stolz in den Köpfen regte über die Leistung einer geschlagenen Nation, die wieder zu Wohlstand und westlichen Werten zurückgefunden hatte.

„Zäh, anspruchslos und langlebig", so lobte der Zeitgeist die Deutschen, und ebenso lobten die Deutschen ihren Käfer. Bescheiden sollten sie sein, forderten die Politiker von ihren Bürgern, aber durchaus auch stolz auf ihre Leistung. Der Käfer war dafür Symbol. In Wolfsburg verzichtete man deshalb auf jede Spielerei. Minimalismus beherrschte die allgemeine Stimmung, analytische Nüchternheit. Daß der Käfer aus 5008 Einzelteilen bestehe, sein Motor 416mal verbessert worden war, von 342 Ingenieuren geprüft wurde, das war es, was Wolfsburg mitteilte.

DER WERBESLOGAN DES JAHRHUNDERTS: „UND LÄUFT UND LÄUFT UND LÄUFT..."

Der Werbeslogan des Jahrhunderts: „Und läuft und läuft und läuft ..."
Als sich Anfang der sechziger Jahre erste Ungeduld regte, weil der Käfer sich im Unterschied zu anderen Modellreihen der PS-Branche kaum wahrnehmbar veränderte, hielt Wolfsburg eisern dagegen: „Hat jemand eine bessere Idee?" lautete die werbliche Gegenfrage. Daß der Käfer anders als moderne Autos nicht über eine selbsttragende Karosserie, sondern noch über das Bodenchassis früher Jahrgänge verfügte, wurde kurzerhand umgekehrt, als Ideal verkauft: „Wir haben sie geborgt", hieß es über die Bodenplatte, „von der Schildkröte. Was sich Millionen Jahre bewährt hat, sollte gut genug sein für uns." Den Motor, notorisch leistungsschwach, aber haltbar, brachte man in Zusammenhang mit den unvergänglichen vier Elementen: „Der Motorblock des Volkswagens besteht aus einer Magnesium-Legierung. Magnesium kommt aus dem Meerwasser. Magnesium ist leicht. Magnesium ist widerstandsfähig.

Magnesium ist teuer. Aber warum kaufen wir dann mehr davon, als irgend jemand sonst in der Welt? Um dem VW-Motor mit diesem Leichtmetall den optimalen Effekt an Leistung in Relation zum Gewicht zu geben!"
Die VW-Leute konnten es sich leisten, fast jedes für Autobesitzer sonst übliche Negativ-Thema hemmungslos ins Visier zu nehmen. Über Motorschäden verkündeten sie: „Wenn irgend etwas am VW kaputtgehen sollte, dann ist es selten etwas Ernstes. Und nie etwas Teures. Selbst wenn Ihnen nach vielen Jahren der Motor stehenbleibt, haben Sie Glück gehabt. Ein Austauschmotor kostet rund 600 Mark." Und zum Thema „Reifenpanne" hieß es: „Manche Leute brauchen Jahre, ehe sie eine der markantesten Wirtschaftlichkeiten am VW entdecken. Nämlich, wenn sie merken, wie viele Kilometer sie mit einem Reifensatz gefahren sind. Reifen am VW leben länger, weil die Räder so groß sind. Seien Sie nicht überrascht, wenn Sie mehr als 90 000 Kilometer mit einem Reifensatz fahren!"
Stabilität mit Aufstieg, Verbesserung mit Kontinuität zu verbinden, das entsprach dem Selbstverständnis der Wirtschaftswunder-Generation. Es fügte sich in das moralische Ideal, sich aus bescheidenen Verhältnissen hochzuarbeiten, ohne dabei seine Herkunft zu verleugnen. Der Käfer wurde idealisiert – ebenso wie sich die Generation der Käufer idealisierte. Der Käfer wurde zum Mythos.

Einfach, robust und gut – von diesen Grundeigenschaften des Käfers profitierten auch die übrigen VW-Modelle, so etwa der Transporter, dessen technisches Prinzip bis heute überdauert hat.

Eine Plattform mit Motor und vier Rädern, darauf eine Karosserie – dieses technische Prinzip gilt auch heute noch für den Käfer, obgleich der Motor stärker und die Straßenlage sowie die Ausstattung verbessert wurden.

Während sich in Deutschland das Käfer-Image auf sachliche Argumente und nüchterne Einschätzung gründete, ereignete sich Erstaunliches, als das Auto mit der ungewöhnlichen Buckelform in den USA auftauchte. Neben den damals als Orgien aus Chrom und Blech über die Highways kurvenden Straßenkreuzern nahm er sich gleich einem Zwerg aus. „Die Amerikaner lieben Dinge, die etwas anders sind, als andere Dinge sind", hatte VW-Chef Nordhoff den Einstieg in den US-Markt begründet. „Dies ist ein Wagen für Leute, die sich unterscheiden wollen von Leuten, die sich unterscheiden wollen", textete die Werbeangentur Doyle, Dane, Bernbach mit weltanschaulicher Chuzpe. Die Käfer-Werbung in den USA setzte nicht auf mobilen Luxus wie die übrigen Autohersteller. Sie betonte die ökonomische Entscheidung, ein Auto zu fahren, das zu bezahlbaren Preisen unverwüstliche Fortbewegung bot.

Bald sah es so aus, als sei das Experiment gelungen. Bereits 1958 war der Volkswagen mit mehr als 33 000 importierten Fahrzeugen das erfolgreichste ausländische Auto der Vereinigten Staaten. Mit erheblichem Abstand folgten Renault, Fiat, MG und Opel. Geschickt überspielten die Wolfsburger typische Käfer-Schwächen. Daß er kleiner war als die übrigen US-Autos, münzten sie mit dem Slogan „Think small" in einen Vorteil um, der im Hinblick auf den notorischen Parkplatzmangel der Großstädte versprach: „Wenn Sie sich in New York City kein Auto leisten können, sollten Sie einen Volkswagen kaufen." Es sei auch ganz einfach, einen Käfer des Baujahres 1954 ebenso aussehen zu lassen wie einen Käfer des Jahres 1964, ironisierten Werbeanzeigen den Hang der Amerikaner zum stetigen Modellwechsel: Man solle ihn einfach neu lackieren lassen.

MOTORGERÄUSCH WIE EIN RASENMÄHER

Diese Art, ein Auto zu präsentieren, war neu für die Amerikaner. Sie fühlten sich als Mensch behandelt. Hier wollte ihnen niemand etwas verkaufen, das er nicht zu halten imstande war, sondern lediglich die einfache Art vernünftiger Fortbewegung. Als deshalb 1961 die US-Konkurrenz mit einer Serie von Kompaktwagen nachzog, halbierte sich zwar innerhalb von zwei Jahren die Zahl der verkauften Importwagen, doch Volkswagen setzte unbeirrt jährlich rund 200 000 Fahrzeuge zwischen New York und San Francisco ab. Niemand störte sich mehr an der mäkelnden Kritik, der Käfer-Motor mache das Geräusch einer mit Schrott gefüllten Mülltonne. Die spöttischen Aufkleber des Kalibers „Von Elfen im Schwarzwald gebaut" mutierten eher zu Liebeserklärung, als daß sie ernsthafte Kritik ausdrückten. Ärzte und Journalisten, Architekten und Rechtsanwälte wurden zur Stammkundschaft des Käfers. Das bucklige Auto wurde zum Nachweis einer vernunftgeprägten Lebenshaltung. Christo verpackte den Käfer. Walt Disney ließ ihn als „Herbie" zu Leinwand-Abenteuern abheben und als erstes Auto voll in die Kinderwelt abfahren.

Der Käfer stand bei den Amerikanern bald im Ansehen eines Spielzeugautos, einer Fahrkiste, die sich einen Dreck um soziale Ambitionen scherte. Nonkonformisten verliebten sich in den Käfer. Die Hippies erklärten ihn zum Kultauto, weil sie damit abseits der Beschleunigungszwänge einer Anspruchsgesellschaft dem Traum vom reinen Leben entgegentuckern konnten.

In Deutschland war davon lange nichts zu spüren. Unverdrossen hielt das VW-Mutterland an dem Grundsatz fest, daß ein Käfer „läuft und läuft und läuft", und zwar zu einem wirtschaftlich vertretbaren Preis. Die Käfer-Welt lebte von Überzeugungen und Argumenten. Doch gerade deshalb rieb sich die deutsche Käfer-Kundschaft verwundert die Augen, als sie des verspielten Beetle-Kults von jenseits des Atlantiks gewahr wurde. Die Deutschen, durchaus lernbegierig, doch immer hinter den USA als stil- und modebildender Führungsmacht her hinkend, begriffen erst langsam, daß der Käfer nicht länger ein Auto der Massen war. Ihren eigenen, nüchternen Autofahrer-Grundsätzen sahen sie unversehens eine Fun-Kultur entgegengesetzt, die nicht weniger begründet war. So tauchten auch auf deutschen Straßen die ersten Käfer mit Blumenaufkleber auf. Der Zubehörhandel begann das Käfer-Chassis mit Buggy-Konstruktionen zu verfremden. Die Ureinwohner im Käfer-Land fühlten sich an jene Anfangszeiten erinnert, als sie ihren Volkswagen noch „Schnucki" tauften und zum Familienmitglied erklärten.

Käfer-Fahren wurde mobiler Kult. Der Mythos Käfer brach aus. Heute gibt es den Kennedy-Mythos, den Raumfahrt-Mythos, den Computer-Mythos. In Mythen steckt etwas von Märchen, von der unerklärlichen Welt des Wundersamen. Doch damals war die Welt arm an Mythen, die dem Wechsel der Zeiten standhielten. Heute sind Mythen weniger ernsthaft und geheimnisvoll, rühren nicht mehr an die letzten Dinge schlechthin. Doch damals, als der Käfer-Mythos entstand, ging es um die einfachen Werte, um Aufstieg und Existenz. Deshalb gehört der Mythos Käfer ebenso zum Glauben an ein besseres Leben wie der Mythos von der D-Mark oder vom Wirtschaftswunder.

NOCH HEUTE GILT DER KÄFER
ALS AUTO SCHLECHTHIN

Zur Jahrtausendwende ist der Käfer freilich nur noch eine liebe Erinnerung. Er fügt sich ein in eine Erfolgsstory der deutschen Industrie, die einmal buchstäblich auf der grünen Wiese in Niedersachsen begann und heute eine Etappe erreicht hat, wo technisch fast alles möglich und formal fast alles erlaubt ist – der Käfer-Enkel „New Beetle" ist dafür der Beweis. Das Ansehen des alten – oder „echten", wie er heute genannt wird – Käfers hatte keineswegs gelitten, als er in den Siebzigern dem

sich veränderten Zeitgeschmack und einer Reihe von wirtschaftlichen Unbilden zum Opfer fiel. 1974 wurde sein Nachfolger „Golf" auf Kiel gelegt. Bis dahin hatten Ölkrisen die westliche Wirtschaft erschüttert und die Einführung der Elektronik in alle technische Bereiche eine damit einhergehende Rationalisierungswelle von bislang unvorstellbarem Ausmaß ausgelöst. Die Käfer-Welt paßte nicht mehr in diesen vollständig veränderten Kosmos.

Vor allem aber hatte man in der Wolfsburger Chefetage die Zeichen dieser sich verändernden Zeiten nicht rechtzeitig erkannt und notwendige Entscheidungen allzu lange aufgeschoben. Dickköpfig hatte noch der Gründer-Chef Nordhoff jede Kritik an dem sperrigen Rückwärtsgang des Käfers mit dem Hinweis beschieden: „Ein Volkswagen fährt immer vorwärts." Und die jaulende Luftkühlung verteidigte er mit der Platitüde: „Luft kann nicht frieren." Der Erfolg des Käfers hatte zu der Vorstellung verführt, man brauche nur die Produktion anzukurbeln, weil die Kundschaft ohnehin Schlange stand und die Lieferfristen zeitweilig über ein Jahr betrugen. Darüber hinaus sicherte die simple Käfer-Monokultur –

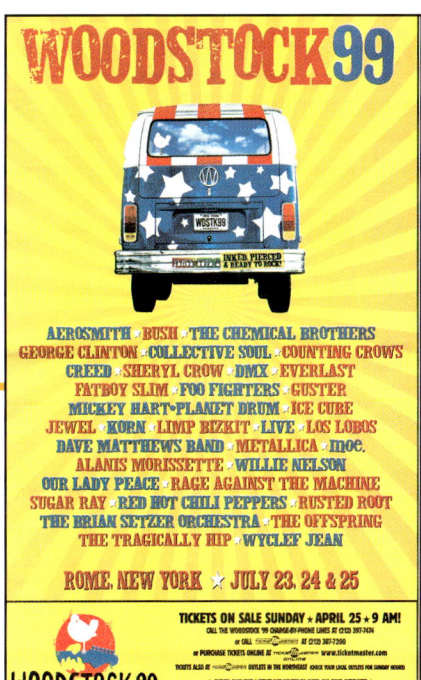

Woodstock, das Hippie-Festival der Sechziger, war undenkbar ohne die bunt bemalten Käfer der „Blumenkinder". Daran knüpft das Plakat der Woodstock-Veranstaltung von 1999 – mit einem VW als nostalgischer Illustration – an.

1950 ergänzt durch den Transporter – eine Großserie mit konkurrenzlos niedrigen Kosten.

Diese Vorteile hatten indessen auch ihre Kehrseite: Als einziges Automobilunternehmen der Welt brachte VW in 25 Nachkriegsjahren kein einziges komplett neues Auto zustande. Was an neuen Modellen aus den Wolfsburger Werkshallen rollte, waren in dieser Zeit nur anders karossierte Käfer, Ponton- und Fließhecktypen mit leicht gestrecktem Chassis, doch dem gleichen Achsstand wie ihr Vorbild. Als dann der VW-Chef Heinrich Nordhoff am Karfreitag 1968 starb, versuchte sein Nachfolger Kurt Lotz im Eiltempo nachzuholen, was bis dahin versäumt wurde, und den Markt mit einer Armada von Neuentwicklungen aufzurollen. Dabei verzettelte sich der Konzern hoffnungslos in sechs völlig unterschiedliche Antriebskonzeptionen:

• den Käfer mit einem luftgekühlten Heckmotor;
• den Audi 100 mit einem vorne liegenden Mitteldruckmotor;
• den K 70 mit einem wiederum anderen Frontmotor;
• den VW-Porsche mit einem Mittelmotor;
• den RO 80 mit einem Kreiskolbenmotor;
• einen geplanten Kleinwagen mit 1300 ccm-Unterflurmotor.

Erschwerend wirkte sich außerdem die inzwischen erstarkte Japan-Konkurrenz aus. „Die Japaner sind groß ins Geschäft gekommen", klagte Kurt Lotz, als im ersten Halbjahr 1971 die Fernost-Autos ihren Marktanteil von 2,6 auf 4,7 Prozent ausbauten. Auf dem einträglichen US-Markt

gingen die Käfer-Verkäufe rapide zurück. Hatte VW noch im Februar 1973 in den USA rund 42 000 Käfer abgesetzt, waren es im gleichen Monat des Folgejahres nur noch 25 000. Noch nie, so jammerten VW-Manager, habe es einen so drastischen Rückgang gegeben. Der VW-Absatz fiel in den USA zwischen 1969 und 1973 von einer halben Million Autos jährlich auf nur noch 335 000.

Schuld daran waren nicht zuletzt die Preise. Bekamen die Wolfsburger 1970 noch für ein 3000-Dollar-Auto von der Bank rund 11 000 Mark überwiesen, sorgte ein fallender Wechselkurs dafür, daß fünf Jahre später davon gerade noch 7000 Mark übrig blieben. Auch im eigenen Land wurde der Käfer vergleichsweise teuer. So war 1974 ein Käfer 1303 S für 7220 Mark zu haben, doch der Opel Kadett kostete mit vier Türen, Schiebedach und Radio auch nicht mehr als 8000 Mark. In den Vereinigten Staaten mußten für den Super-Käfer mit 1,6-Liter-Motor gar 600 bis 700 Dollar mehr bezahlt werden als für einen der neuen amerikanischen Kleinwagen.

Die Zeiten standen schlecht für das Kultauto aus Wolfsburg. Zwar stöhnten damals auch die übrigen deutschen Autobauer unter dem Kostendruck, den steigenden Löhnen und den Wechselkurs-Nachteilen. Aber die Wolfsburger traf es stärker, verkauften sie doch rund 70 Prozent ihrer Produktion – Branchendurchschnitt: 60 Prozent! – im Ausland. Als 1974 Rudolf Leiding seinen Vorgänger Lotz auf dem Wolfsburger Chefstuhl ablöste, rechnete er schnell aus, daß ein in Brasilien gebauter, komplett montierter und nach Deutschland verschiffter Käfer hierzulande preiswerter zu haben war. Solche Rechnungen machten dem Made-in-Germany-Käfer den Garaus. Im Juli 1974 wurde die Käfer-Produktion im Stammwerk Wolfsburg eingestellt, 1978 auch im Zweigwerk Emden. Am 12. August 1985 wurde in Emden ein Schiff mit 2400 in Mexiko produzierten Käfern entladen, eine Sonderaktion aus Anlaß des Jubiläums „50 Jahre Käfer." Damit verabschiedete sich aber der Käfer offiziell vom europäischen Markt. Was blieb, war der Nimbus des erfogreichsten Autos aller Zeiten.

Rund eine halbe Million Käfer jährlich verkaufte VW in den besten Jahren allein in den USA, mehr als jeder andere ausländische Hersteller. Doch in den siebziger Jahren brachen die Absatzzahlen ein, und es wurde deutlich, daß sich die Käfer-Technik überlebt hatte.

MEIN ERSTER KÄFER

Mein erster Käfer war zugleich mein erstes Auto, gebraucht gekauft, ein Cabrio Baujahr 1954, ehemals im Dienst der Berliner Polizei und deshalb düster dunkelblau lackiert. Der Motor hatte bereits rund 200 000 Kilometer klaglos zurückgelegt, war aber mit seinen 28 PS für meine Ansprüche viel zu schwach. Der größte Nachteil war allerdings das dünne Zeltbahnverdeck, das der notorisch dürftigen Heizung bei frostigen Außentemperaturen nicht die geringste Chance ließ. Diesem Problem halfen dann freundliche Zeitgenossen ab, indem sie in einem Anfall von Vandalismus eines Nachts das Verdeck so gründlich aufschlitzten, daß die Teilkasko-Versicherung ein neues Faltdach in zeitgemäß dick wattierter Ausführung finanzierte. Der Motor gab mit ruiniertem Ventiltrieb ein Jahr später den Geist auf, was ebenfalls einen Vorteil bedeutete, weil zur gleichen Zeit auf einer nahen Kreuzung ein Käfer mit 34 PS-Motor einem Totalschaden zum Opfer fiel. Als ich den Besitzer fragte, was ihm das Wrack noch geldwert sein, winkte er entnervt ab: Als Gegenleistung für die Entsorgung könne ich es kostenlos haben. Als Zugabe kam ich auf diese Weise auch gleich noch an ein Autoradio, eine mächtige Anlage, dessen röhrenbestücktes Empfangsteil wie damals üblich in eine von den Wolfsburger Ingenieuren dafür vorgesehene Lücke hinter dem Ersatzrad montiert werden mußte.

Ein paarmal kostete mich mein Käfer allerdings Nerven, beispielsweise auf der Rückfahrt von Westdeutschland nach Berlin, als mitten in der DDR der Gaszug riß. An technische Fremdhilfe war nicht zu denken. Die Autobahn zu verlassen, war streng verboten. Einziger Ausweg: Ungeachtet der winterlichen Temperaturen klappte ich das Verdeck zurück, zog eine Strippe durch die Luftschlitze der Motorhaube zur Vergaserklappe und hatte damit einen einigermaßen tauglichen Handgaszug. Zwar drohten mir die Finger abzufrieren, aber die DDR-Grenzer in Dreilinden waren von meiner Konstruktion so beeindruckt, daß sie mich ohne Paßkontrolle durchwinkten.

Die blaue Polizeilackierung habe ich übrigens übermalt, freundlich hellgrau, mit dem Pinsel. Wegen der etwas unebenen Oberfläche fragte mich mein Werkstattmeister nachdenklich, ob ich vielleicht Hammerschlaglack verwendet hätte. Ich nickte tapfer und wurde mit dem unerwarteten Hinweis belohnt, meine Entscheidung sei völlig richtig gewesen, denn damit hätte ich mich zwar für eine unkonventionelle, aber besonders haltbare Technik entschieden. Lange konnte ich mich dieses Qualitätsvorteils aber nicht erfreuen, weil eine Freundin auf dem Nebensitz irgendwann bei voller Fahrt plötzlich die Handbremse zog. „Nur so aus Blödsinn, um zu sehen, was passiert", meinte sie später. Der Käfer reagierte mit zwei vollständigen Drehungen auf dem nassen Plaster und krachte anschließend frontal gegen einen Baum. An eine Reparatur war wegen seines fortgeschrittenen Alters nicht zu denken.

Auch mein nächster und letzter Volkswagen, ein Karmann Ghia auf Käfer-Basis, ebenfalls ein Gebrauchtfahrzeug, aber wegen seiner hellblauen Lackierung allgemein bewundert, bereitete mir nur kurze Zeit Freude. Als ich nämlich auf der Stuttgarter Neckarbrücke gerade damit beschäftigt war, lässig-männlich meine Tabakspfeife am Außenspiegel auszuklopfen, kam mein Vordermann auf den rücksichtslosen Gedanken, sein Fahrzeug überraschend abzubremsen. Mein Ghia reagierte mit Totalschaden.

DIE DESIGN-STORY DES NEW BEETLE

Soviel war klar bei der Volkswagen AG, als der New Beetle erste Konturen in den Köpfen einiger Designer und Entwicklungsingenieure annahm: Nie wieder ein Käfer! Zu tief steckte den Wolfsburgern noch die Erinnerung an das langsame Sterben des alten Käfers in den Knochen, als daß sie sich auf eine Neuauflage des erfolgreichsten Autos aller Zeiten und zugleich größten Debakels der VW-Historie einlassen wollten. Die unendliche Geschichte des Ur-Autos lastete schwer auf den inzwischen an Modellwechsel und Hightech-Qualität gewöhnten Autoleuten. Längst gab in Wolfsburg eine Generation den Ton an, die nichts mehr gemein hatte mit den Nachkriegsdeutschen, die den Käfer als Symbol für den Aufstieg aus Ruinen erlebt hatten. Sein berühmter Werbeslogan „Und läuft und läuft und läuft..." galt ihnen als Hypothek und als Hinweis, daß die Gründerväter in Wolfsburg sich viel zu lange festgefahren hatten in ungenügender Formfreude und mangelndem Spaß an Innovationen.

Bereits Ende der fünfziger Jahre, als drei Millionen Käfer durch Deutschland fuhren, mehrten sich die kritischen Stimmen, die endlich einen neuen Volkswagen forderten. *Der Spiegel* kritisierte unumwunden, daß dieses Auto nicht mehr den veränderten automobilen Bedürfnissen entspreche. Ein modernes Fahrzeug müsse über einen großen Kofferraum und nicht über nutzlose Trittbretter verfügen, über einen synchronisierten ersten Gang, eine Tankanzeige, eine funktionierende Heizung – alles Schwachstellen des damaligen Käfers. Nur bescheidene Veränderungen wie in die Heckleuchten integrierte Blinker, in die Kotflügel versenkte Scheinwerfer oder eine Windschutzscheibe mit abgerundeten Ecken bestimmten die Neuerungen, alljährlich nach den Werksferien gleich einer Revolution im Automobilbau von den Wolfsburgern vor einer zunehmend genervten Fan-Gemeinde zelebriert. Noch 1959 lehnte der erste Konzernchef Nordhoff jede Entwicklung eines neuen Käfers mit der Begründung ab, „weil keine einzige europäische Automobilfabrik auch nur im entferntesten auf drei Millionen zufriedene Besitzer eines Typs hinweisen kann, weil wir also nicht aus bloßer Lust am Ändern etwas so einmalig Bewährtes und Erfolgreiches fallen lassen wie den heutigen Volkswagen".

Die Buckelform des „alten Käfers" und die Technik seines Nachfolgers „Golf" standen Pate für den „New Beetle", dessen freundliches Gesicht und rundliches Hinterteil den Spaß am Autofahren versinnbildlichen.

Die ersten Skizzen des „New Beetle" entstanden im VW-Design-Center in Kalifornien, fernab von Wolfsburg, wo niemand etwas von einem „neuen Käfer" wissen wollte.

IN WOLFSBURG KEIN INTERESSE MEHR AM KÄFER

Als 1972 der neue Chef Leiding sein Amt mit der erklärten Absicht übernahm, so schnell wie möglich einen Nachfolger auf die Räder zu stellen, folgte eine Phase der entnervenden Kommt-er-oder-kommt-er-nicht-Verunsicherung. Erst mit der Vorstellung des „Golf" ging ein erleichtertes Aufatmen durch die Autogemeinde. Das Ende des alten Käfers war nicht nur der Abschied von einem automobilen Mythos, sondern zugleich der langsame Tod eines vom Zeitgeschmack überholten Langläufers.

Ein Vierteljahrhundert danach wagte in Wolfsburg niemand mehr, den toten Käfer wieder auferstehen zu lassen. Der alte Käfer war ein Wohlstands- und Aufstiegssymbol gewesen. Doch die Typen, die inzwischen bei VW den Ton angaben, lebten bereits im Wohlstand und hatten den Aufstieg bereits hinter sich. Für sie verkörperte der Käfer die totale Reduzierung auf Sachlichkeit. Er war ihnen Understatement schlechthin. Aber schon die siebziger Jahre hatten anderes im Sinn. Damals hatte die Jugendrevolte der 68er gerade mit der Vätergeneration abgerechnet, die mit Bescheidenheit und Fleiß die Grundlage für neue Höhenflüge geschaffen hatte. Der Käfer stand nicht für solche Ideale. Er stand ihnen im Weg. An der Schwelle zum nächsten Jahrtausend galt jeder Gedanke in diese Richtung als Sakrileg. Firmenintern wurde das Credo ausgegeben: „Zurückschauen bedeutet Rückzug!"

CALIFORNIA BOYS ENTWICKELN DEN NEW BEETLE

So lag es nahe, daß fernab von Wolfsburg einige risikofreudige Typen, frei von Berührungsängsten gegenüber der Käfer-Historie in ihren Ideen kramten und das Undenkbare dachten. Im Wolfsburger von Traditionen geprägten Firmenklima wäre das nicht möglich gewesen, wohl aber im fernen Kalifornien, wo der VW-Konzern 1991 im Simi Valley ein eigenes Design-Zentrum eingerichtet hatte. Die meisten Automobilkonzerne verfügen heute über solche Außenposten, in Japan, Spanien oder den USA, wo zumeist junge Designer unbefangen und unbeeindruckt von den traditionell geprägten Denkmustern des Stammhauses den Zeitgeist in Form und Farbe umzusetzen suchen. Die alljährlich auf den großen Autosalons in Genf, Frankfurt oder Detroit vorgestellten Show Cars sind das Ergebnis ihrer Arbeit und sollen die nächste Serien-Generation inspirieren. Dahinter steckt die knallharte Marketing-Botschaft: „Wir sind innovativ, einfallsreich, fortschrittlich. Wir erahnen eure geheimsten Wünsche! Seht her, freut euch. Wir sind alle eine einzige große Gemeinde!" Außerdem aber bedurfte es einer Krise, um im sonnigen Kalifornien den Gedanken anzuschieben, welcher Art die dunklen Wolken eigentlich waren, die Anfang der neunziger Jahre die VW-Bilanz überschatteten. Vor allem unter dem Ansturm der japanischen Konkurrenz hatte Volkswagen fortgesetzt Marktanteile auf dem US-Markt verloren. Die Branche sprach bereits davon, daß man in der Wolfsburger Zentrale plane, sich ganz vom amerikanischen Markt zurückzuziehen.

In dieser Situation waren es die Audi-Designer Jay Mays und Peter Schreyer, die sich vorzustellen versuchten, „was den Leuten einfällt, wenn sie an VW denken. Sie denken an den Käfer! Dann überlegten wir, warum wir nicht versuchen sollten, die positiven Eigenschaften des alten Käfers in einer neuen Form wieder auferstehen zu lassen." Einer aus der späteren New-Beetle-Mannschaft erinnert sich: „Wir hatten keine Berührungsängste. Der Käfer war ein derart selbstverständlicher Teil unserer Jugend, daß uns seine Stärken und Schwächen in Fleisch und Blut übergegangen waren." Die „jungen Wilden", wie sie genannt wurden, überlegten deshalb, wie sie Käfer-Traditionen mit moderner Technik verbinden konnte. Doch Mays wußte auch, daß er für solche Überlegungen von der Firmenzentrale kein grünes Licht bekommen würde. Deshalb

zog er eines Tages seinen Assistenten Freeman Thomas zur Seite und fragte ihn leise: „Was hälst du von einer modernen Version des Käfers?" Thomas war sofort begeistert. Die weiteren Arbeiten vollzogen sich hinter verschlossenen Türen und im kleinsten Kreis. „Nicht einmal unter den Audi-Leuten wurde darüber gesprochen", erinnert sich der Modellbauer Dave Morris. Erst im Sommer 1992 legte Mays seinem Chef Hartmut Warkuß in Ingolstadt die ersten Skizzen vor.

An diesem Punkt der Geschichte gehen die Erinnerungen der Beteiligten auseinander. Nach der ersten Version wurde Audi-Design-Chef Warkuß zum Mitverschorenen der Kalifornien-Truppe. Er soll sich diebisch darüber gefreut haben, daß einige einfallsreiche Youngsters sich endlich an die heilige Kuh von VW herangewagt hatten. Warkuß' Freude ging auf latente Rivalitäten zurück, die zwischen der VW-Tochterfirma Audi und dem Stammhaus bestanden und die später auch der von Ingolstadt auf den Wolfsburger Chefstuhl gewechselte Ferdinand Piech bestätigte: „Audi durfte nicht besser sein als die Mutter. Jedes zweite Auto war verboten, weil man es gegen einen Passat Variant oder gegen einen Golf gerichtet fand." Es war deshalb durchaus nachvollziehbar, wenn Warkuß seinen Spaß daran hatte, das Stammhaus ausgerechnet am Mythos Käfer zu messen. Deshalb fiel es ihm auch leicht, aus dem Audi-Etat 300 000 Dollar für erste Entwürfe und Modelle abzuzweigen.

Die Seitenansicht des „New Beetle" macht deutlich, wieviel das neue Fun-Vehikel von seinem berühmten Urahn geerbt hat, auch wenn die Formen ausladender, schrulliger und üppiger sind als beim „True Beetle".

Die Technik des Golf ist die Basis des New Beetle. Motor und modifizierte Bodengruppe wurden übernommen, um die Preisvorteile der Großserie zu nutzen.

Der erste New Beetle wurde 1994 vorgestellt, damals noch unter der Bezeichnung „Concept 1". Doch schon auf den ersten Blick war klar, daß es sich um einen neuen Käfer handelte.

Mays und Warkuß einigten sich, daß der neue Wagen in Anlehnung an die Grundeigenschaften des alten Käfers vier Botschaften ausdrücken sollte: „Einfach, zuverlässig, ehrlich und originell". Thomas und Morris arbeiteten an einem eher nostalgischen Entwurf, der deutliche Anleihen bei der Formensprache des Käfers nahm. Mays entwickelte gemeinsam mit dem Modellbauer Richard Woodley eine elegantere, strenge Fassung. Noch waren die Arbeiten geheim. Freeman Thomas: „Noch hätte die bloße Erwähnung des Wortes ‚Käfer' vor dem alten VW-Management zur Ablehnung der Idee geführt."

Doch zu diesem Zeitpunkt übernahm Ferdinand Piech den Vorsitz bei VW. Es fügte sich in die Pläne der „jungen Wilden", daß Piech bislang Chef von Audi und daher mit Warkuß' Denkweise vertraut war. Schon bald verdichteten sich Gerüchte, „daß Piech beabsichtigte, Warkuß als Design-Chef nach Wolfsburg zu holen. Vor allem aber stammte der großgewachsene, klar argumentierende Piech aus der berühmten Porsche-Familie. Sein Großvater Ferdinand Porsche hatte den Käfer entworfen und entwickelt. In Piechs Adern floß sozusagen „Käfer-Blut".

Mit diesem Auftritt von Piech in Wolfsburg beginnt die zweite Version der Entstehung des New Beetle. Sie nimmt direkten Bezug auf Piechs „Blutsverwandtschaft" zum alten Käfer. „Irgendwie schon", beantwortete er die Frage, ob er von der Tatsache beeinflußt sei, daß sein Großvater der geistige Vater des Käfers sei. „Aber wenn er wüßte, daß eine seiner Autokonstruktionen 60 Jahre lang gebaut wird, wäre er sicher nicht erfreut. Als Ingenieur kann ich mich da gut in ihn hineindenken." Mit anderen Worten: Piech machte sich Gedanken über die Stärken und Schwächen des Käfers und darüber, ob diese als Anknüpfungspunkte für eine weitere Entwicklung taugten.

Piech soll damals auch privat öfter mal einen Käfer gefahren haben, um sich in dessen nostalgische Welt hineinzudenken. Die Kommentare seiner Kinder waren ihm dabei Wegweiser: „Wann bringst du mal den Rasenmäher wieder?" fragten sie ihn wegen des blubbernden Motorengeräusches des luftgekühlten Käfers. Piech wußte nur zu gut, daß der Ton die Musik macht und die automobile Welt aus Leistung und Komfort, aber auch von Formen, Farben und Tönen lebt.

Es gehört deshalb zur zweiten Version der New-Beetle-Geschichte, daß Piech und Warkuß ihrer kalifornischen Mannschaft gezielt die Aufgabe stellten, einen Käfer-Nachfolger zu entwickeln. Im Mai 1993 waren die ersten Entwurfsmodelle, noch im verkleinerten Maßstab, fertig. Noch waren wesentliche Fragen offen, etwa ob der Motor im Bug oder Heck eingebaut würde. Die Designer sollten unabhängig von solchen Fragen völlig freie Hand haben. „Im Prinzip kombinierten wir die harten Linien von Mays Entwurf mit dem etwas schrulligen, nostalgischen Charakter der Freeman-Version", erinnert sich heute Dave Morris.

Welche der beiden Geschichten der Beetle-Entwicklung auch immer tatsächlich stattgefunden hat – jedenfalls wurde Warkuß im Juli 1993 in Kalifornien das Tonmodell präsentiert. Der Design-Chef reiste mit zwei Asistenten an und wurde anstelle ins Atelier zunächst in den Konferenzraum geführt. Mit einer sieben Minuten langen Dia-Show, musikunterlegt, stimmte Mays seinen Chef nochmals in die Geschichte vom Aufstieg und Niedergang des Käfers ein, ohne dabei die noch immer ungebrochene Begeisterung der Amerikaner für den „Old Beetle" zu unterschlagen. „Eine Gruppe bewegter Deutscher", so Freeman Thomas, wurde anschließend ins Atelier geführt. Warkuß war begeistert. Im September wollte er das inzwischen „Concept 1" getaufte Modell der Firmenspitze in Wolfsburg vorstellen, im Januar 1994 auf der Motor Show in Detroit der Öffentlichkeit präsentieren – oder die ganze Aktion in aller Stille beerdigen.

Warkuß: „Es war wahrscheinlich die einmalige Chance, eine Form, die mehr als ein halbes Jahrhundert überdauert hatte, neu zu interpretieren." Die Grundelemente dieser Form waren der Kreis und die Kugel. Gemessen an den meisten während der vergangenen Jahrzehnte gebauten Autos mit ihren geraden Linien, Ecken und Kanten war diese Formensprache ungewohnt. Bereits vor 20 Jahren hatte der Designer Luigi Colani, für seine starke Wortwahl bekannt, erklärt: „Der weiche, kantenlose Raum der Ellipse, der Kugel, der Ovoide, das heißt der Natur abgeschauten Formen, strahlt eine Nestwärme aus, die eckige Räume kommenden Generationen als unzumutbare Quälerei erscheinen lassen."

Der Trendforscher Axel Venn unterstützt diese Diagnose: „Wir stehen vor einem Zeitalter der archetypischen Erscheinungen. Das Oval, die Ei-Form, der Kreis, die Rundung zählen zu einer der ältesten Vorstellungen von einem Produkt, fest im Gedächtnis der Menschen nahezu aller Kulturkreise verankert und daher weithin akzeptiert. Die harmonischen Rundungen und der Verzicht auf die bislang üblichen Hightech-Kanten markieren bereits eine Vielzahl ähnlich archetypisch gestalteter Mixstäbe, Fernseher, Ghettoblaster oder Damenhandtaschen – und den New Beetle."

So waren auch beim „Concept 1" keine Kanten, Stufen und Ecken erwünscht. Die Flächen hatten glatt zu bleiben. Alle Abweichungen hätten nach Meinung der Designer die Großzügigkeit der Form gestört. Sie orientierten sich an der Grundform des Käfers, an dessen bogenförmig nach hinten abfallendem Dach und der runden Fronthaube. Sie ergänzten die Rundformen durch die vier Halbkreise der Kotflügel. Dieses durch Harmonie geprägte Formgefühl wurde besonders durch die Winschutzscheibe deutlich: Nicht mehr steil und plan wie beim alten Käfer, sondern weit vorne eingesetzt als glatter Übergang zum Dach.

Es gab Diskussionen, ob es sich lohne, am Prinzip der runden Form festzuhalten, obgleich damit die Kopffreiheit der Fond-Passagiere leiden mußte. Es gab auch später noch kritische Stimmen, beispielsweise über den „voluminösen Armaturenträger mit einer nutzlosen, öden Hochebene vor der Windschutzscheibe", wie Wolfgang Peters von der *Frank-*

Geschmacklich umstritten ist allerdings der Instrumententräger. Streng symmetrisch gestaltet und mit sehr viel Fläche vor der Windschutzscheibe bestimmt er den Innenraum.

Nach der Vorstellung des „Concept 1" auf der Detroit Motor Show des Jahres 1994 entschloß sich VW zur Serienproduktion – als Reaktion auf das positive öffentliche Echo.

---

einer Cabrio-Version durchzuhalten seien. Aber es zeigte sich, daß das Konzept der runden Formen und Flächen durchaus wandelbar war. Abgesehen von der verstärkten A-Säule, die gemeinsam mit dem Rahmen der Frontscheibe einen Überrollbügel ergibt, konnte der „Concept 1" auch als Cabrio nahzu unverändert bleiben.

Im September 1994 fand schließlich der große Auftritt in Wolfsburg statt. Die gesamte Firmenspitze trippelte in der werkseigenen Ausstellungshalle aufgeregt um den „neuen Käfer". Die Marketingleute präsentierten mit einer Dia-Vorführung die geplante Verkaufstaktik. Doch alle warteten gespannt auf Piechs Reaktion. Die fiel gleichermaßen zurückhaltend wie positiv aus: „In Ordnung!"

Mit dieser kopfnickenden Zustimmung gab er nicht nur den Startschuß für die Vorbereitung auf die öffentliche Präsentation in Detroit, zugleich lief auch die Planung für das Produktionsmodell an. Daß sich die ersten Vorführexemplare bisweilen erheblich von dem in Massenproduktion gefertigten Auto unterscheiden, ist auch den Designern bewußt. Doch die Gestaltungsexperten sind überwiegend strenge Leute, die mit Magenschmerzen auf jede Änderung an ihrer nicht selten als Kunstwerk verstandenen Leistung reagieren. Eine Änderung hier, eine andere dort, und schon sehen sie ihr Werk vernichtet.

Das war auch beim New Beetle so. Inzwischen war nämlich klar, daß der neue Käfer nicht gleich seinem Vorbild von einem luftgekühlten Heckmotor angetrieben würde. Der neue Motor sollte seinen Platz vorne haben. Doch dafür war der „Concept 1" zu klein. Also mußte er für das Serienmodell wachsen, um etwa 30 Zentimeter, „gerade soviel, daß er etwas von seinem Charme verloren hat", wie Mays klagte. Die Außenspiegel wurden größer. Vorne und hinten entstand eine bodennahe Wulst als Stoßfänger. Die Frontpartie wurde aufgeschnitten, um dem Kühler einen Frischlufteintritt zu verschaffen.

Die Farbpalette wurde konzipiert: Schwarz – Hell- und Dunkelblau – Grün – Rot – Braun – Dunkel- und Lichtgelb, meist kräftige Farben, wie es einem emotional orientierten Auto zukommt. Auch bei diesem Thema gingen die VW-Leute einen Schritt vorwärts: Während die Welt immer

furter Allgemeinen Zeitung meinte. Oder an dem keineswegs fortschrittlichen Luftwiderstandsbeiwert von 0,38. Zugeständnisse mußten schließlich auch noch an die Serienfertigung, vor allem an die Crash-Tauglichkeit gemacht werden. Solchen Kriterien fielen etwa die Überhänge der Stoßstangen und die Position von Front- und Heckleuchten zum Opfer. Doch solche Unterschiede zwischen dem „Concept 1" und der späteren Serienversion fielen Laien fast nicht auf. Zu deutlich war die radikale Geschlossenheit des Gesamtbildes und der dominierende Eindruck der Kreis- und Rundformen.

Ohnehin geriet der New Beetle zu einer Gratwanderung zwischen Käfer-Vergangenheit und modernem Formgefühl. Der streng geometrische Aufbau der Schalttafel und die Beschränkung auf ein Zentralinstrument entspricht dieser Symbiose von Alt und Neu. Am deutlichsten wurde die Abweichung vom Käfer bei der Ausstattung. Heute selbstverständliche Zugaben wie Airbags, Seitenaufprallschutz und ABS, außerdem Automatikgetriebe, Klimaanlage und Hi-Fi-Sound einschließlich CD-Player vertragen sich schlecht mit dem frugalen Purismus der Käfer-Generation. Die Türnetze, die Halteschlaufen an den Dachfosten, der Beifahrer-Haltegriff und vor allem die Blumenvase am Armaturenbrett sind ohnehin eher ironisch einzuschätzendes Tribut an den Urahn. Am Bug des „Concept 1" fand man noch rechts und links an den vorderen Kotflügeln zwei ovale Sieblöcher, beim alten Käfer die Hupengitter, jetzt der Lufteinlaß für den Kühler.

Die Front der Zweifler, ob der formale Kraftakt gelingen würde, verlagerte sich später auf die Frage, ob die Gestaltungsprinzipien auch bei

Mit der Bezeichnung „New Beetle" ließ Wolfsburg erkennen, daß der anfängliche Widerstand dagegen, eine neue „Käfer-Kultur" aufleben zu lassen, gebrochen war.

bunter, vielfältiger und damit gefälliger wird, blieb die Farbe der Autos bisher seltsam blaß. Zwar ist Farbe am Auto längst ein wichtiger Verkaufsaspekt, ein gewichtiges Kundenangebot in Mattlack oder Metallic. Doch gleichen sich die Farbpaletten der verschiedenen Marken fast bis zur letzten Nuance, während rundum das übrige Leben immer bunter geworden ist. Der Schwarzweiß-Film wurde farbig, das Fernsehen ebenso, dann die Druckmedien. Die Mode ist so laut wie nie zuvor. Aber ähnlich wie die literarisch beschriebene Angst des Fußballtorwarts vor dem Elfmeter geht unter Designern eine Furcht vor Farbe um.

"Dabei geht es heute um Sehnsucht nach Geborgenheit. Den jungen Leuten fehlt heute die Zuwendung der Großmütter. In Großstädten wie München oder Hamburg machen Single-Haushalte fast 50 Prozent aus. Also besteht Bedarf an Gefühlspartnerschaft. An gefühlsstarken Produkten", erklärt der Farbforscher Axel Venn. Das könne man auch an den neuen Farbtrends erkennen, die von hellen Tönen, von Weiß dominiert würden. Tatsächlich verlangten die bislang vorherrschenden Schwarz- und Grautöne kräftige Gegenfarben, während sich etwa Weiß durch Pastelltöne sanft ergänzen läßt. Ergo: Die Softie-Welle steht bevor.

Auch Blau und Rot sind Beetle-Farben. Blau galt Mitte der neunziger Jahre als Modefarbe, die Farbe der kühlen Sehnsucht, Ferne und Stille. Als nächstes folgte Rot, das Signal der Lebensfreude, Aktivität und Kraft im neuen Jahrtausend.

NEW-BEETLE-BEGEISTERUNG IN DEN USA

Im Simi Valley hielt unterdessen so etwas wie fiebernde Begeisterung Einzug. Jeder wollte an dem Projekt mitarbeiten. Das Team stellte nicht nur den Ausstellungswagen auf die Räder, es schnürte zugleich ein komplettes Marketingpaket mit Broschüren, Prospekten, Videos, Logos und Ausstellungsstand.

Das große Ereignis fiel allerdings etwas anders aus als von allen erwartet. Von dem Augenblick an, da die Tore zur Detroit Show geöffnet wurden, stand der Käfer-Nachfolger im Mittelpunkt des Interesses. Es war, als hätten die Form, der poppige Auftritt, der Gegensatz zu allem von Volkswagen Gewohnten eine spontane Neugier bis zur unverhüllten Begeisterung ausgelöst. Doch aufmerksamen Beobachtern entging nicht, daß auf dem VW-Stand offenbar zwei Fraktionen vertreten waren, die Befürworter und Gegner. „Die Dame, die damals die VW-Präsentation leitete, ignorierte uns völlig", erinnert sich David Morris an die Zurückhaltung der Organisatoren. Die wurde dann auf geradezu komische Weise bei der eigentlichen Vorstellung vor Medienvertretern durch den langjährigen VW-Forschungschef Ulrich Seiffert deutlich: „VW wird dieses Auto nicht produzieren!" lautete seine Kernaussage. Fragen versuchte er einfach zu ignorieren. Nicht ignorieren konnte VW allerdings das fast durchweg positive Medienecho und die Flut von Anrufen und Briefen. Auf der Motor Show in Tokio ein Jahr später gab deshalb VW bekannt, man werde das Auto noch vor dem Jahr 2000 in Mexiko produzieren, zunächst für den US-Markt, dann auch für europäische Kunden.

Der Lohn folgte prompt. Die amerikanische Designer-Vereinigung IDSA würdigte den New Beetle mit dem Gold Award 1998, der höchsten Anerkennung ihrer Gilde, für das innovative, mit keinem anderen aktuellen Fahrzeug vergleichbare Design. Die aus 13 anerkannten Designern bestehende Jury lobte unisono das „Design, das von allen Generationen als Meisterstück anerkannt wird! Kein anderes Produkt spiegelt den Zeitgeist des ausgehenden Jahrhunderts besser wider. Seine Form verbreitet schon beim bloßen Ansehen gute Stimmung."

DER „NEW BEETLE"-KULT

Eine der bahnbrechenden Entdeckungen des österreichischen Verhaltensforschers Konrad Lorenz ist das sogenannte „Kindchen-Schema": Sympathie genießt, was nach Stupsnase, großen Augen und lachendem Mund aussieht – Babys, kleine Katzen, Teddybären. Auch der New Beetle lächelt und rollt mit großen Augen, jedenfalls von vorne. Die Rückansicht erscheint mit bulligen Reifen und breiten Kotflügeln so etwa wie das Gegenteil, nämlich als knackiger Po. Was durchaus in den Trend paßt, wie der Münchner Journalist Nikles Maak feststellt: „Peugeot bewirbt das Sportcoupé 406 mit einem nackten weiblichen Torso, dessen Formen der Silhouette des Wagens gleichen. Und Walter de Silva, Chef des Designzentrums von Alfa Romeo, erklärt die Linienführung des Alfa 166 auf eine Art und Weise, die noch vor zehn Jahren als anachronistischer Machismo gegeißelt worden wäre."

DAS AUTO MIT DEM LACHENDEN GESICHT

Dieser doppelte Zungenschlag ist eine der Raffinessen des New Beetle, vorne total vermenschlicht, hinten bis an die Grenzen des Anstandes erotisiert. Bislang wurden Autokäufer mit Produkten möglichst eindeutigen Zuschnitts bedient. Ein Porsche rührt an die Potenz und ein Mercedes betont die Seriosität. Nur der New Beetle ist von anderem Kaliber. Er spricht zwei Sprachen. Seine rundlichen Formen versprechen einen gutmütigen Kumpel, sein liebes Gesicht freundliche Stimmung. Doch zugleich fordert sein ungewöhnliches Auftreten dem Käufer eine ebenso eindeutige wie mutige Entscheidung ab.

Damit ist der New Beetle ein Zeitgeist-Auto. Das war bei allen epochemachenden Entwicklungen so. Der britische Mini paßte in die Bescheidenheit der Nachkriegszeit, die sich mit einem *sophisticated* Stadtflitzer zufrieden gab, klein und doch nicht ohne Eleganz. Der Citroën DS entsprach als futuristisches Gefährt dem Fortschrittsglauben der siebziger Jahre. Die 2-CV-„Ente" mauserte sich in den Achtzigern zum Kultvehikel für den Ausstieg aus der Leistungsgesellschaft.

Die Blumenvase am Armaturenbrett des New Beetle – als Teil einer ansonsten progressiven Serien-Innenausstattung – wirkt wie ein Zitat: ironischer Tribut an die alte „Wohnzimmer-Kultur" der frühen Käfer-Jahre.

Der New Beetle ist eine Mischung aus modernen und traditionellen Merkmalen. Das Kofferraumschloß hinter dem VW-Emblem gehört zu den zahlreichen liebenswerten Details eines modernen Autos, das an vergangene Zeiten anknüpft.

Die Scheinwerfer, natürlich zeitgemäß mit Halogen bestückt, erinnern an die großen „Augen" des alten Käfers und vermitteln beim New Beetle den Eindruck eines heiteren Gesichts.

Halteschlaufen wie in den Autos der Fünfziger sind ein weiterer Hinweis auf das Traditionsbewußtsein, mit dem die New Beetle-Designer das neue Modell ausstatteten.

NACH DER ÄRA TECHNISCHER HERAUSFORDERUNGEN ENDLICH EIN GEFÜHLSAUTO

Der New Beetle hingegen wurde als Symbol einer Der-Käfer-kehrt-zurück-Bewegung ausgerufen, was aber nur die halbe Wahrheit trifft. Denn in der alten Käfer-Zeit wurden Probleme angepackt und Fragen gestellt. Der neue Käfer sieht dagegen aus wie ein Lutschbonbon, der vor allem eines tut: nichts, außer Fragen und Probleme zu verdrängen. Was wiederum in die aktuelle Epoche von Teddybären, bunt karossierten MAC-Computern oder Barbiepuppen paßt. Damit wäre der New Beetle ein banales Auto, ein Kinderauto für Erwachsene, ein Bubble-Car, ein Knuddel-Käfer – gewissermaßen als Abwehrreaktion in einer Zeit, die fortgesetzt Fragen stellt und Probleme aufwirft. Niklas Maak bezeichnet ihn als hedonistisches Designobjekt, als „E.T.A.-Hoffmann-Junggesellenmaschine, in deren Schoß Mensch und Maschine eins werden".

Doch so einfach ist die Wahrheit wohl nicht. Daß ein Auto im Schatten der Pop-Ära bunt und spaßig ausfällt, hat eine gewisse Logik. Daß es sich mit Rücksicht auf den zunehmend vielfältigeren Käufergeschmack ein bestimmtes Marktsegment aussucht, kann nicht überraschen. Und doch ist der New Beetle wie alle Autos auch Ausdruck eines Zeitgefühls. Also, so könnte man fabulieren, ist er eine Antwort auf die Erkenntnis, daß Autos nicht länger Lust- und Statussymbole, sondern zugleich die Ursache für Umweltverschmutzung und Rohstoffverschwendung sind: Wenn schon für alle diese Probleme keine befriedigenden Lösungen zu finden sind, dann könnte man es ja auch mal mit einer Provokation versuchen, mit einem emotionsgeladenen Vehikel, das Erinnerungen an die alte Zeit verspricht und von dort ein paar Comic-Formen übernimmt.

TECHNISCH IST ALLES MÖGLICH, FORMAL ALLES ERLAUBT

Richtig daran ist, daß das New-Beetle-Gefühl total ist. Richtig ist aber auch, daß ein neuer Käfer nicht mehr den Zwängen des alten Käfers folgen muß. Als Ferdinand Porsche den Volkswagen skizzierte, war er genötigt, die Form nach den begrenzten technischen Möglichkeiten seiner Zeit auszurichten. Aus dieser Notwendigkeit entwickelten die

Designer am Bauhaus den Grundsatz „Form folgt Technik". Inzwischen ist es umgekehrt. Weil die Technik fast keinen Wunsch mehr offen läßt, vermag sie sich der Form anzupassen. Anders als bei früheren Autoentwicklungen ist daher beim New Beetle die Form fast alles, Motor oder Getriebe sind hingegen nur nützliches Beiwerk.

Was bei soviel Freiheit herauskommt, wenn einer der führenden europäischen Autohersteller eine kalifornische Design-Mannschaft mit der Aufgabe betraut, den Käfer-Nachfolger zu entwickeln, muß sich zwangsläufig erheblich von den üblichen Wolfsburger Karossen unterscheiden. Im Land von Walt Disney und Donald Duck ist die emotionale Optik anders. Im amerikanischen Design-Magazin *ID* heißt es, die in den USA entwickelten Autos seien deutscher als die aus Deutschland: „Nicht weil sie Neuigkeiten aus der Neuen Welt in die Alte bringen, sondern weil sie die Alte Welt neu erschaffen, indem sie die amerikanische Distanz nutzen, um in einem unverfälschten Spiegelbild die Werte und die Entwicklung Europas zu betrachten."

Übersichtlichkeit bestimmt den Armaturenträger das New Beetle: große Instrumente, klar angeordnet, wie es die moderne Designer-Sprache verlangt. Die Lenksäule ist mehrfach verstellbar.

DER NEW BEETLE LEBT VOM RETROTREND

Ein komplizierter, typischer Intellektuellen-Satz! Auf seinen Kern reduziert bedeutet er, daß die Amerikaner den Deutschen eine rosarote Brille aufsetzen, durch die sie auf ihre letzten 50 Jahre zurückblicken. „Retrofuturismus" nennen die Kulturphilosophen diesen Trend, rückwärtsgewandtes High-Tech. Daß die Funktion beim Retrotrend weniger wichtig ist als die Form, liegt daran, daß die Technik ja ohnehin funktioniert. Deshalb wird sie möglichst gefällig verpackt, vornehmlich in runde oder der Natur abgeschaute, fließende Formen, als Oval wie beim Tamagotchi oder beim New Beetle, als Armbanduhr aus einer zerquetschten Bierdose, als Turnschuhe oder Surfbrett. Das hat damit zu tun, daß sich irgendwie der Eindruck breitgemacht hat, nun sei es endlich gut mit den vielen technischen Herausforderungen, die jeden Normalbürger vor die Aufgabe stellen, den Satellitentuner des Fernsehers zu bedienen, nicht mit der bloßen Hand auf das kalt und dunkel aussehende Keramikkochfeld in der Küche zu fassen oder am Geldautomaten der Bank irgend welche Knöpfchen zu drücken. Irgendwie wurde alles übertrieben – zuviel Technik und zuwenig Form. Da erinnerte sich die Generation der Babyboomer an ihre Jugend der Flower-Power-Hippie-Zeit, als sie noch

in einem alten, asthmatischen, doch bedienungsfreundlichen Käfer durch die Gegend zog. Der Journalist Hellmuth Karasek kaufte sich den ersten 1960, einen blauen, die Unternehmensberaterin Prof. Gertrud Höhler einen grünen, dem irgendwann mal der Scheibenwischer abfiel. Und im gelben Käfer, Baujahr 1952, des Werbefotografen Charles Wilp wurden „Zeitgrößen" wie Donna Summer, Andreas Baader und Ulrike Meinhof chauffiert. Allen gemeinsam ist die Erinnerung an die Nierentische, tütenförmigen Lampenschirme und die schrecklich bunten, flauschigen Bezugsstoffe der Nachkriegszeit. Deshalb sind auch die Bezugsstoffe im New Beetle wieder bunt, gibt es keine Ecken und Kanten. Der New Beetle ist ein Appell an das ewige Kind im Menschen, der zwar erwachsen geworden ist und sich deshalb mit verstopften Straßen, Smog und Lärm herumplagen muß, aber darauf eigentlich keinen Bock hat und sich lieber ins Kinderzimmer zurückziehen würde. Die Babyboomer verdienen inzwischen gut, fahren ihr sechstes, achtes oder zwölftes Auto und überlegen sich jetzt den Kauf eines New Beetle, weil er mit seiner Blumenvase am Armaturenbrett so schön zum übrigen Spielkram im Kinderzimmer passen würde.

DREIMAL STÄRKER ALS DER KÄFER UND SCHNELLER ALS EIN PORSCHE

Erotisch, so wird behauptet, sei das Heck des New Beetle. Tatsächlich hat es etwas von einem knackigen Po.

Das hat nichts mit dem zu tun, was der neue Käfer unter der Haube hat. Dort ist er ein vollgültiges Auto, mit 115 PS rund dreimal so stark wie sein Urahn und außerdem schneller als der Porsche zu Käfer-Zeiten. Doch die Technik ist nicht mehr so wichtig, seit sie ohnehin funktioniert. Man muß ja auch nichts vom Filmedrehen verstehen, um Spaß zu haben an den herrlich gefühlvollen, selbstvergessen machenden Hollywoodschinken. Und man sieht sich im Fernsehen auch wieder die alten Serien wie „Mission Impossible" oder „Mit Schirm, Charme und Melone" an, ohne deshalb auf ihre Kino-Remakes zu verzichten. Der „True Beetle" war das Original, aber der „New Beetle" ist nicht seine Kopie. Er ist nur eine Erinnerung an die Originalwelt, genauso wie die lila Kuh an echte Kühe, die Videoclips an das wahre Leben erinnern. Es zählt zur Welt des New Beetle, daß seine Generation bereits ohne die Originale auskommt. Man trägt eine Armbanduhr, die aussieht wie eine Rolex, aber keine ist. Man liest die Romanfortsetzungen von „Casablanca" oder „Vom Winde verweht", ohne sich so recht an das Original erinnern zu können. So begeistert sich auch die Kundschaft für den neuen Käfer, obgleich ihr der Fahrspaß im alten nur noch eine fern verwehte Erinnerung ist.

Schon einmal, Anfang der siebziger Jahre, rollte eine Welle von Erinnerungen, damals „Nostalgie" genannt, durch die westliche Welt. Groschenhefte über Buffalo Bill und Prinz Eisenherz kamen damals wieder in Mode, rührselige Courths-Mahler-Literatur, Mobiliar vom Trödel. Karl Lagerfeld bildete seinen Geschmack an alten Stummfilmen und steckte die Mannequins in flatternde Hüftsäcke mit eckig wattierten Schultern, Strümpfe mit Naht und Blockabsätze à la 1940. Auf dem Pariser Marché Malik und in Londons Carnaby Street hingen die Fummel nach nostalgischen Jahreszahlen sortiert: 1920, 1930, 1940 ... Die TV-Anstalten schoben Filme mit Altstars wie Hans Albers oder Marika Rökk ins Programm. Mitten in der Rock-Ära kam wieder „Sentimental Journey"-Swing auf. „Junge Menschen", so Walter Köhler vom Zigarettenhersteller Reemtsma über die veränderte Manieren, „gehen lieber nett essen bei Kerzenlicht, als daß sie einen draufmachen." Harte Männer oder röhrende Sportwagen, jahrelang die verkaufsfördernden Symbole für Überlegenheit und technischen Fortschritt, wurden in den Anzeigenkam-

pagnen ersetzt durch sanftmütige Edwardian-Jünglinge mit Oldtimer und Kreissäge. Ausgelöst hatten diesen Trend die Amerikaner als Reflex ihrer Sehnsüchte nach einer scheinbar ungetrübten Vergangenheit. Wie mit Ketchup und Coca-Cola infizierte Amerikas Konsummacht die Alte Welt nun auch mit dem lustvollen Heimweh nach dem verlorenen Paradies, nach der verlorenen Unschuld in Literatur und Film, Mode und Musik, Werbung, Kunst und Küche.

Dreißig Jahre später haben die Amerikaner den Spielplatz nicht mehr für sich alleine, denn schon frühzeitig beteiligten sich die Europäer am retrofuturistischen Mainstream der Jahrtausendwende. Wieder tauchen die angestaubten Hans-Albers-Filme im Fernsehen auf, außerdem alte Kabarett-Sketche der Münchner Lach- und Schießgesellschaft. Freddy Quinn, längst über 70 und kein fernwehsüchtiger Seemann mehr, singt in ausverkauften Häusern vor ebenfalls angejahrten ehemaligen Teenagern seiner Erfolgsjahre. Die Kids kommen daher wie kurz nach der Währungsreform, in Schlaghosen, Twinset und Dufflecoat.

Vor allem aber halten die Autobauer wacker mit. VW entmottet die bereits 1939 entschlafene Altmarke Bugatti, DaimlerChrysler den ebenfalls historischen Namen Maybach. Ford denkt nicht nur daran, bei der Jaguar-Tochter den legendären „S-Type" wieder aufleben zu lassen, sondern stellt auch einen neuen „Thunderbird" vor, ehemals Idol der American-Graffiti-Jugend. Die General-Motors-Marke Cadillac präsentiert eine Wiedergeburt der Chevrolet „Corvette", nun freilich mit modernster Technik wie Videokameras anstelle von Rückspiegel und Nachtsichtgerät für Dunkelfahrten. Nissan legt den „240 Z" neu auf, in den Sechzigern der meistgebaute Sportwagen der Welt. Chrysler kündigte 1999 auf der North American International Auto Show von Detroit eine viertürige Steilheck-Limousine an, die sehr an den amerikanischen Doktorwagen der Fünfziger erinnert. Der meistverkaufte Amerikaner der sechziger Jahre, der Chevrolet „Impala", in Blech gepreßter Überfluß, wurde mit einer Jahresauflage von 200 000 Exemplaren annonciert.

Und dann ist da noch der New Beetle. Seine Werbung nimmt ungeniert Anleihen beim Ansehen des alten Käfers. „Less flower, more power", verspricht eine US-Anzeige den in die Jahre gekommenen Blumenkindern: ein bißchen Nostalgie, ein wenig Action. „Nostalgie ist das Erbe einer jeden Welle von Aktionismus", urteilt der Schriftsteller Gerhard Zwerenz. Es mache sich die Einsicht breit, daß alle Möglichkeiten für eine bessere Zukunft ausgereizt sind und unsere Spätkultur bestenfalls von ihren alten Reserven leben könne. Tatsächlich kann sich über Mangel an Aktionismus während der letzten Jahrzehnte wahrlich niemand beklagen: Zusammenbruch des Kommunismus, deutsche Wiedervereinigung, Globalisierung, Asienkrise, Krise der Sozialsysteme, Einführung des Euro. Naheliegend, wenn gelegentlich die Luft wegzubleiben droht und sich die Nostalgiker melancholisch die Rosinen aus dem großen Kuchen der Vergangenheit pulen.

Eine dieser Rosinen war der alte Käfer. Also spricht einiges dafür, daß die VW-Designer im kalifornischen Simi Valley sich etwas ausgedacht haben von der Art: Los, geben wir all den nostalgischen Typen mit ihrer Erinnerung an den alten Käfer ein bißchen Zucker! Konzentrieren wir uns dabei aber auf die Botschaft „Spaß macht Spaß!" Konzentrieren wir uns auf die Lust am Fahren in einem Auto, das spaßig aussieht!

„Und plötzlich ist die Welt wieder rund!" textete als Antwort die Werbeagentur Arnold in Boston, deren Mitarbeiter vor dem Start der Anzeigenkampagne zunächst eine Befragung in der Bevölkerung durchführten. Erstaunt stellten sie fest, daß sämtliche Befragten beim Anblick des New Beetle zuerst einmal lächelten, „sich irgendwie über das Auto freuten". Der alte Käfer wirkte in seiner Spätzeit ein wenig angeschimmelt, durchaus naheliegend nach 50 Jahren Autoleben. Der neue Käfer hingegen wirkt seit seinem ersten Auftritt frisch und freundlich – beste Voraussetzungen für ein neues Kultauto.

Große, glatte Flächen, nahtloser Übergang von Dach zu Front- und Heckscheibe kennzeichnen das New-Beetle-Design. Die großen Türen entsprechen dem auf Bequemlichkeit ausgerichteten Zeitstil.

DIE PLATTFORM-TECHNIK

Der alte Käfer war eine einmalige Konstruktion, innovativ, ebenso simpel wie ausgereift, seiner Zeit weit voraus. Doch er hatte einen wesentlichen Nachteil: Er war bereits wieder veraltet, während er noch als Verkaufshit geldharte Erfolge einfuhr. Anstelle einer selbsttragenden Karosserie hatte er eine der Schildkröte vergleichbare Bodenplatte mit aufgesetztem Oberbau. Einen Motor mit umständlichem Ventiltrieb über lange Stößelstangen. Ein hakiges Getriebe, nur unvollständig synchronisiert. Daran änderten auch fortgesetzte Verbesserungen wenig. Als 1955 der millionste Käfer in Wolfsburg vom Band rollte, entsprachen zwar bereits 2800 Einzelteile in Form und Abmessungen nicht mehr dem Original. Aber bis zu seinem Ende war der Käfer chronisch untermotorisiert und laut, und seine Straßenlage war längst vom Fortschritt überholt.

Der größte Nachteil freilich resultierte aus seiner unvergleichlichen Bauart: Er fügte sich in keine andere Modellserie ein. Er war einzigartig, nicht vergleichbar. Käfer-Bauteile ließen sich nicht für einen Stammbaum von käferähnlichen Abkömmlingen verwenden. Die vom ersten VW-Chef Heinrich Nordhoff verkündete Dreieinigkeit aus Boxermotor, Luftkühlung und Heckantrieb reichte nicht aus für eine Fortentwicklung zu zeitgemäßen Neuentwicklungen. Der Käfer überwand Bergpässe, ohne wie seine wassergekühlten Konkurrenten mit kochendem Kühlwasser liegenzubleiben. Er durchquerte schadlos Wüsten und sprang auch bei eisiger Kälte klaglos an. Doch im modernen Automobilbau zählten längst auch andere Faktoren.

Erfolgreiche Automobilfabriken konzipierten inzwischen ihre Modellreihen nach dem kostensparenden Baukastenprinzip. Schrauben und Gußteile, sogar ganze Baugruppen wurden so entwickelt, daß sie nicht allein für ein Modell, sondern vielfältig verwendet werden konnten. Das spart Geld, ohne daß der Kunde etwas davon merkt. Bei Daimler-Benz etwa wurden bereits seit 1953 die gleichen Heck- und Mittelteile, Türen und Vorderachsen der 180er-Typen auch für die 200er-Serie verwendet. Spä-

Sämtliche Modelle des VW-Konzerns bauen auf sogenannte Plattformen auf: möglichst viele gleiche Teile für verschiedene Modelle. Auch der New Beetle paßt sich in diese Produktstrategie ein und profitiert von der Technik des Golf und Audi A 3.

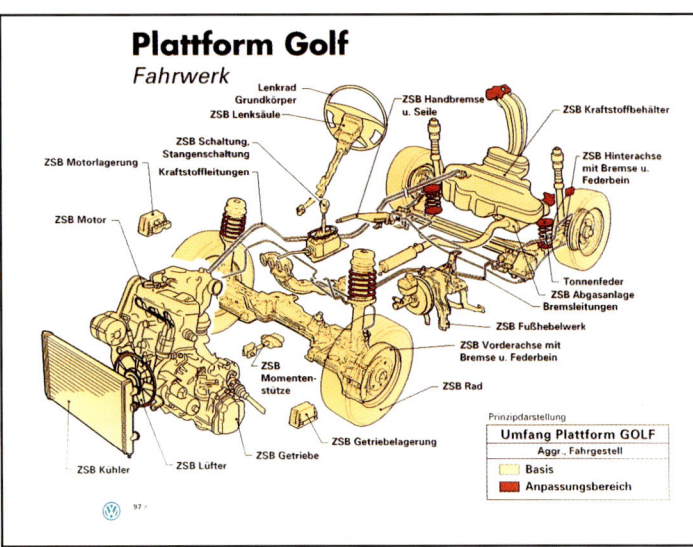

Plattform Golf
Fahrwerk

Lenkrad Grundkörper
ZSB Lenksäule
ZSB Handbremse u. Seile
ZSB Kraftstoffbehälter
ZSB Schaltung, Stangenschaltung
ZSB Motorlagerung
Kraftstoffleitungen
ZSB Hinterachse mit Bremse u. Federbein
ZSB Motor
Tonnenfeder
ZSB Abgasanlage
Bremsleitungen
ZSB Fußhebelwerk
ZSB Vorderachse mit Bremse u. Federbein
ZSB Momentenstütze
ZSB Rad
ZSB Kühler
ZSB Lüfter
ZSB Getriebe
ZSB Getriebelagerung

Prinzipdarstellung

Umfang Plattform GOLF	
Aggr., Fahrgestell	
Basis	
Anpassungsbereich	

Die „Plattform Golf" gibt die technische Richtung für den New Beetle vor. Obgleich sich beide Fahrzeuge äußerlich unterscheiden, wurden Aggregate und Unterbau des Golf weitgehend für den New Beetle „übersetzt".

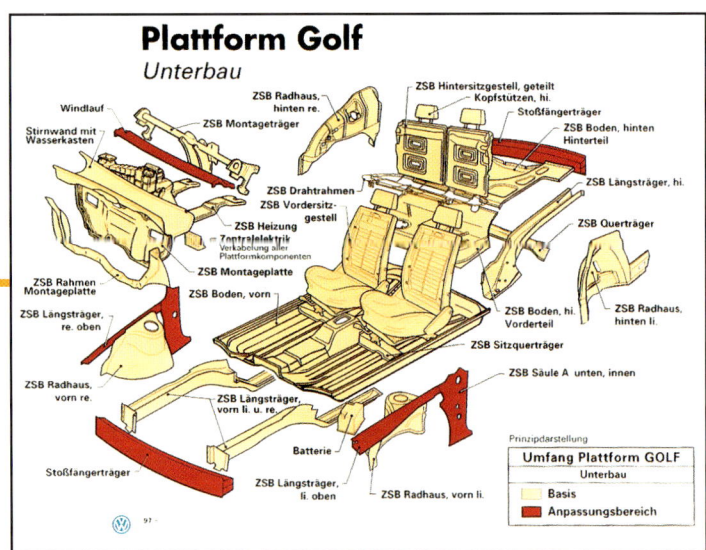

Plattform Golf
Unterbau

Windlauf
Stirnwand mit Wasserkasten
ZSB Montageträger
ZSB Radhaus, hinten re.
ZSB Hintersitzgestell, geteilt Kopfstützen, hi.
Stoßfängerträger
ZSB Boden, hinten Hinterteil
ZSB Drahtrahmen
ZSB Vordersitzgestell
ZSB Heizung
Zentralelektrik Verkabelung aller Plattformkomponenten
ZSB Längsträger, hi.
ZSB Querträger
ZSB Rahmen Montageplatte
ZSB Montageplatte
ZSB Längsträger, re. oben
ZSB Boden, vorn
ZSB Boden, hi. Vorderteil
ZSB Radhaus, hinten li.
ZSB Radhaus, vorn re.
ZSB Längsträger, vorn li. u. re.
ZSB Sitzquerträger
ZSB Säule A unten, innen
Batterie
Stoßfängerträger
ZSB Längsträger, li. oben
ZSB Radhaus, vorn li.

Prinzipdarstellung

Umfang Plattform GOLF	
Unterbau	
Basis	
Anpassungsbereich	

ter beruhten die Modellreihen 200 bis 250 weitgehend auf identischen Rohkarossen, Fahrgestellen, Achsen, auf gleicher Elektrik und Motorsteuerung. Die Grundkonzepte von Lenksäule und Getriebe des 200 wurde sogar auch die anspruchvolle 300 SEL-Limousine mit 6,3-Liter-Motor übertragen. Sämtliche Kraftstoffbehälter waren in gleicher Weise gechweißt. Alle Mercedes-Modelle verfügten über Heckantrieb und wassergekühlten Frontmotor.

Auf eine vergleichbare Planung ließen sich auch andere Hersteller wie Opel oder Ford ein. Zwar behinderte die vielfältige Verwendung möglichst vieler Bauteile die Phantasie der Ingenieure und verteuerte die Entwicklung. Doch dieser Aufpreis wurde durch die größere Wirtschaftlichkeit in der Serienfertigung mehr als ausgeglichen.

Allein Volkswagen leistete sich eine Ausnahme: den Käfer. Nicht einmal dessen Schrauben und Aggregate ließen sich auf andere Konzern-Modelle übertragen. Als sich Wolfsburg 1970 entschloß, mit dem K 70 die Generation der luftgekühlten Boxermotoren abzulösen und dafür im niedersächsischen Salzgitter für 600 Millionen Mark ein nagelneues Produktionswerk hochzog, fuhr die komplizierte und von der Käfer-Tradition grundsätzlich abweichende Technik bereits im ersten Jahr einen Verlust von 100 Millionen Mark ein.

Rund 30 Jahre später ist bei Volkswagen alles anders. Konzernchef Ferdinand Piech visierte schon bald nach seiner Amtsübernahme das ergeizige Ziel an, sämtliche Modellreihen zu sogenannten Plattformen zu vereinheitlichen: „Ende 1998 haben wir 47 Prozent unserer Modelle auf den neuen Plattformen hergestellt. Ende 2000 werden es 90 Prozent sein. Das ergibt enorme Einsparungen." Seine von der Konkurrenz kopfschüttelnd beobachteten Anstrengungen, durch einen Einstieg in die britische Nobelmarke Rolls-Royce/Bentley in ein für VW bislang untypisches Marktsegment vorzudringen, machte für ihn durchaus Sinn: „Die Zuganker in einem Cosworth-Motor für Bentley kosten 360 Mark, die fast gleichartigen eines Audi A 8 nur 60 Mark. Unser Entwicklungschef hat festgestellt, daß er bei einem Motor insgesamt mehrere tausend Mark sparen kann, wenn wir solche Möglichkeiten konsequent nutzen", demonstrierte Piech die praktischen Folgen seiner Plattform-Philosophie. Piech zeigte, daß es keineswegs nur noch darum ging, den „Planet Volkswagen" noch größer und runder zu machen. Neben einem tauglichen Management bietet vielmehr eine intelligente Ausrichtung der Modelltechnik auf einen längst global funktionierenden Automarkt die einzige Möglichkeit, sich gegen die Konkurrenz zu behaupten. „66 Milliarden Mark stehen beim Volkswagen-Konzern jährlich auf der Kassenquittung des Einkaufs", rechnet Beschaffungs-Vorstand Francisco Garcia Sanchez nach. Darunter fallen ebenso Bleistifte wie Gußstahl oder von Zulieferanten bezogene Windschutzscheiben und Lichtmaschinen. Wenn diese Teile durch konsequente Planung kostengünstig für äußerlich unterschiedliche Modellreihen standardisiert werden, summieren sich Einsparungen von Pfennigbeträgen schnell zu Millionensummen.

Produktions-Vorstand Folker Weißgerber: „Volkswagen bewältigt diese Aufgabe durch seine Plattformstrategie. Sie steht für eine vielzahl eigenständiger Fahrzeugmodelle auf der Basis von wenigen Fahrzeuggrundtypen. Insgesamt wird es nur noch vier Bodengruppen geben. Bei jeder dieser Plattformen sind rund 60 Prozent der Teile von Fahrzeugen einer Plattform gleich. Zwar bedeutet die Gleichteile-Strategie einen erheblichen Spagat, wenn etwa zwischen einem Passat und einem Octavia von Škoda ein Preisunterschied von 12 000 Mark besteht, obgleich beide Modelle derselben Plattform entstammen und sich einschließlich des noch teureren A6 von Audi technisch ziemlich gleichen.

Aber der hohe Anteil an Gleichteilen versetzt Volkswagen in die Lage, kostengünstig zu produzieren. Außerdem wird damit die Möglichkeit verbessert, kurzfristig auf Veränderungen bei der Nachfrage zu reagieren." Längst ist die Technik soweit ausgefeilt, daß sich komplette Motoren wunschgemäß zusammenfügen lassen. „Unser modernster Motor mit Benzindirekteinspritzung ist ein Dreizylinder. Wenn wir den mit sechs multiplizieren, kommt man auf 18 Zylinder", überlegte Piech und gab seinen Entwicklungstechnikern den Auftrag, diesen Super-Motor für die neue VW-Edelmarke Bugatti aus dem Baukasten zusammenzusetzen.

Was aber, wenn sich technikbegeisterte Manager wie Ferdinand Piech dazu entschließen, einen von allen schlichten VW-Formen abweichenden New Beetle ins Angebot zu nehmen? Wenn der Design-Chef Hartmut Warkuß und sein amerikanisches Team zum poppigen Höhenflug ansetzen und ein freches Rundauto auf die Räder stellen, neben dem sich herkömmliche Entwicklungen wie alte Schachteln ausnehmen?

Der New Beetle ist ein echter Viersitzer mit breiter Rückbank. Weil die Käfer-Form die Kopffreiheit im Fond einschränkt, wurde anfangs diskutiert, ob nicht eine andere Form vorteilhafter wäre.

Der Einstieg in den Fond, vorbei an den umgelegten Vordersitzen, ist bei jedem Zweitürer ein neuralgischer Punkt. Beim New Beetle wurde hier besonderer Wert auf eine großzügige Lösung gelegt.

Das Fassungsvermögen des Kofferraums kann durch Umlegen der Rückenlehne mehr als verdoppelt werden (auf 527 Liter). Solche Ausstattungsmerkmale zählen heute zu den Selbstverständlichkeiten aller VW-Modelle.

Der New Beetle ist kein Massenfahrzeug, sondern ein sogenanntes „Nischen-Modell" für besondere Ansprüche. Dieser Tatsache trägt ein breites Angebot zusätzlicher Ausstattungsvarianten – etwa das Schiebedach – Rechnung.

Die Antwort: Kein neues Modell ohne Plattform! Als die Serienfertigung des New Beetle angedacht wurde, stand von Anfang an fest, daß er sich in einen der Konzern-Baukästen einzupassen, an den Vorgaben von einer der Plattformen zu orientieren hatte. Die kleinste Plattform, aus der beispielsweise das Teile-Sortiment des Polo stammt, war zunächst im Gespräch. Doch ein Polo-Ableger entsprach zwar der Kleinwagen-Welt der Europäer, nicht aber der großzügigeren Denkweise der Amerikaner. Und daß der New Beetle gleichermaßen dem italienischen, deutschen oder norwegischen Markt wie den Vorstellungen der US-Kundschaft zu entsprechen hatte, stand außer Frage.

So machte sich der für Organisation und Systeme im Konzern verantwortliche Dr. Jens Neumann frühzeitig für eine großzügige Lösung stark. Nicht die Plattform des Modellzwerges Polo sollte die Beetle-Basis wer-

den. Es mußte eine Schuhnummer größer werden: „Wir hatten schon die Möglichkeiten erkannt, daß dies ein Kultauto werden könnte. Und ein Kultauto muß alle Stücke spielen, die der Konzern spielen kann. Das würde auf der kleinsten Plattform nicht möglich sein!" Ein technisches Arsenal, bewährt und zugleich vielfältig anwendbar, das VW alle Stärken einer kostengünstigen Grosserie bei gleichzeitiger Gestaltungsbreite ausspielen konnte, das bot nur die Golf-Familie. Von diesem Modell gab es zu diesem Zeitpunkt fünf Varianten – Limousine, Pickup, Cabrio, diverse Motoren. Sieben weitere waren geplant. Die Breite der technischen Möglichkeiten, aber auch die Vielfalt der mit den unterschiedlichen Modellen aus diesem Topf verbundenen Emotionen boten bei geschickter Ausrichtung auf den New Beetle eine einmalige Chance: Hier konnte ein eher als brav angesehener Automobilhersteller beweisen, daß in seiner Modellpalette auch das Potential für einen frechen Highflyer, für ein Auto mit keckem Anspruch, steckte.

Die Designer sahen das weniger optimistisch. Sie hätten am liebsten für den New Beetle eine eigenständige Plattform entwickelt. Sie sahen die runden Formen, ihre ästhetischen Prinzipien, deren gaggige Umsetzung. Für Parallelen, und wären sie noch so tief im technischen Unterholz der Großserie versteckt, schien ihnen wenig Platz vorhanden zu sein. Doch Entwicklungschef Martin Winterkorn blieb hartnäckig: „Davon profitiert der New Beetle in einer Weise, daß der Sympathiewert, der sich aus der äußeren Form ergibt, auch in den inneren Werten erfüllt werden kann – in Technik, Ausstattung, all den kuscheligen Kleinigkeiten."

NUR NOCH EIN BAUTEIL VOM ALTEN KÄFER IM NEW BEETLE

Damit war entschieden, daß der New Beetle zwei Ahnen bekommen sollte, den alten Käfer und den Golf. Mit seinem Altverwandten verband ihn außer der rundlichen Physiognomie und dem Kultanspruch indessen nicht mehr viel. Nur ein einziges Bauteil ist dem alten und neuen Käfer gemeinsam, ein Gummihütchen als Abdeckung der Schraubenspitzen von der Textilbespannung des Innendachs. Auch vom Golf und seiner Teile-Plattform entfernte sich der Abkömmling beträchtlich. Rund 950 Bauteile sind beiden gemeinsam, von denen allerdings fast 600 modifiziert wurden. Konstruktive Änderungen waren bei den Radkästen, der

Luftansaugung und der Batteriehalterung notwendig. Vorder- und Heckboden sowie Tunnel und Reserveradmulde blieben hingegen identisch. Die entscheidende Neuerung gegenüber seinem Baukasten-Partner zeigt sich beim New Beetle an den Kunststoff-Kotflügeln. Die Fertigung der stark gerundeten Formen in Stahl wäre zu teuer geworden.

DER NEW BEETLE BESTEHT AUS 10 000 EINZELTEILEN

Ungewöhnlich ist beim New Beetle außerdem der mit über 80 Prozent hohe Anteil von Fremdherstellern zugelieferten Teilen, die von rund 140 Zulieferern stammen, davon etwa 60 aus Europa. Etwa 30 Stunden dauert im mexikanischen Zweigwerk Puebla der Zusammenbau jedes aus rund 10 000 Einzelteilen bestehenden New Beetle. Im Preßwerk ist die Automatisierung mit 90 Prozent am höchsten, beim Rohbau mit 15 Prozent am geringsten. Wie beim Golf ist die Karosserie vollverzinkt. Außerdem werden alle Hohlräume durch Wachs geschützt.

So gesehen verkehrte sich der von altgedienten VW-Werkern lange mißtrauisch beäugte Abschied von der Käfer-Monokultur inzwischen zum Vorteil. Das breite Modellangebot, wie es heute von der Kundschaft gefordert wird, bietet die Möglichkeit, entwicklungstechnische Erfahrungen von einer Plattform auf eine andere zu übernehmen. „Ein im Passat gewonnener Fortschritt wird nicht für den Passat reserviert, sondern fließt in das nächste machbare Modell ein", bestätigt Entwicklungsmeister Winterkorn. Wie vielfältig die Variablen dabei sind, zeigen die beiden Schwester-Modelle Golf und Bora: „Der Bora ist von der Technik her längst kein Golf mehr", bestätigt Piech.

NEW BEETLE MIT TT-QUATTRO-TECHNIK

So wird der New Beetle zwar vom breiten Publikum vorrangig nach seiner Form beurteilt, ist aber technisch ein ausgereiftes Fahrzeug, das von bewährten Komponenten seiner Plattform-Kollegen profitiert. Dazu zählen das elektronische Antiblockiersystem (ABS) ebenso wie ein elektronisches Stabilitätsprogramm (ESP). Letzteres ist für die Fahrwerkskontrolle in kritischen Situationen zuständig, beispielsweise bei Glatteis.

Wo immer der New Beetle auftaucht, vermittelt er den Eindruck eines fröhlichen und zugleich technisch aufmüpfigen Autos. Nichts an ihm ist gewöhnlich. Und wer ihm einen Blick nachschickt, hat das Gefühl einer angenehmen Begegnung.

Und das gilt mehr noch für die Sicherheit. Fahrer und Beifahrer werden im New Beetle durch zwei Front- und Seitenairbags geschützt. Das amerikanische Versicherungsinstitut für Fahrzeugsicherheit zeichnete 1998 den New Beetle als sichersten Vertreter seiner Klasse aus, nachdem der Käfer-Enkel bei Crash-Tests mit über 60 km/h aufgrund seiner energieschluckenden Bugstruktur die geringsten Verformungen und Belastungen für die Insassen bewiesen hatte. Daß nebenbei die insgesamt 45 Crash-Modelle mit vier unterschiedlichen Stoßfängern ausgerüstet wurden, um die geringste Variante bei kleinen Beschädigungen – etwa beim Einparken – zu erkunden, zählt zu dem umfangreichen Vorserien-Programm. „Kaum ein technisches Produkt hat sich in den letzten Jahrzehnten so tiefgreifend und vielfältig weiterentwickelt wie das Auto", urteilt Winterkorn. Der New Beetle profitiert von diesem Fortschritt ungeachtet seines spaßigen Äußeren auf besonders ernsthafte Weise.

MOTOREN UND TECHNIK

Vor noch nicht allzulanger Zeit war an einem Auto der Motor das wichtigste Bauteil, die Karosserie hingegen eine zwar nicht ganz unbedeutende, aber immerhin nachrangige Nebensache. Jedes PS mußte damals mühsam erarbeitet werden. Entweder liefen die Lager heiß oder der Ventiltrieb gab den Geist auf. Vergaser waren ohnehin noch eine Engstelle im Atemweg des Triebwerks. Für den Käfer-Erfinder Ferdinand Porsche war der Motor noch das teuerste Bauteil seines Autos. Achsen, Räder, ein bißchen Blech um die Sitze, das alles kannte man ebenso oder wenigstens so ähnlich noch von der Pferdekutsche. Aber ein Motor, benzinbetrieben, das war rund 50 Jahre nach der Erfindung des Automobils noch etwas ganz Besonderes.

Für Porsche war es zunächst noch nicht einmal ganz sicher, daß der Automotor der Zukunft benzinbetrieben würde. Auf der Weltausstellung in Paris im Jahr 1900 erregte eine „Porsche-Lohner-Chaise" allgemeines Aufsehen, die mit elektrischen Radnabenmotoren eine Durchschnittsgeschwindigkeit von 14,5 km/h und eine Spitze von 30 km/h erreichte. Eine Batterieladung reichte für rund 50 Kilometer. Das war nicht viel, auch damals schon nicht, und Porsche entwickelte deshalb eine „benzin-elektrische Kutsche": Ein kleiner Daimler-Motor sorgte für den Antrieb eines Dynamos, mit dem die Batterie ständig aufgeladen wurde. Chefingenieur Porsche bei der Wiener Firma Lohner war der vielseitigste Autokonstrukteur jener Jahre. Sein Durchbruch schien gesichert, als der kaiserlich-königliche Hoflieferant Ludwig Lohner einen Brief der Hofkanzlei erhielt: „Erzherzog Franz Ferdinand wünscht für die Kaisermanöver im Herbst 1902 ein Automobil mit dem Porsche-Radnabenmotor zu benutzen." Porsche fuhr seine Hoheit persönlich durch Ungarn, den Schauplatz des

Manövers: den Erzherzog auf dem Beifahrersitz, zwei Ordonnanzoffiziere mit Schärpe auf den Rücksitzen. Überall tauchte der Feldherr auf. Keine Kommandostelle war sicher vor ihm. Das neue Fahrzeug hielt alle in Spannung.

Knapp dreißig Jahre später bastelte Porsche noch immer an Motoren. Sechs Zylinder hatte die Maschine für sein „Projekt 7", einen Zweiliter-Wagen der Marke „Wanderer." Acht Zylinder waren es bei seiner nächsten Entwicklung, ebenfalls ein Wanderer, der bereits Grundzüge der buckligen Käfer-Karosserie aufwies. Drei Zylinder sollten es bei einem Kleinwagen sein, den Porsche für den Motorradhersteller Zündapp entwickelte. Porsche warf mit den Zylindern und Motoren nur so um sich.

PROBLEME MIT DER KÄFER-LUFTKÜHLUNG

Weil der Dreizylinder nicht genügend Leistung brachte, wurde er kurzerhand durch fünf, nun in Sternform angeordnete Zylinder ersetzt. Da jetzt aber Temperaturprobleme auftraten, mußte die Luft- auf Wasserkühlung umgebaut werden, was freilich Schwierigkeiten mit dem Platz zur Folge hatte. Um den Wasserkühler unterzubringen, wurde deshalb der ursprünglich senkrecht eingebaute Motor leicht nach vorne gekippt – ein Prinzip, das Porsche später auch beim Käfer anwandte. Als nächstes folgte seine Konstruktion für die Firma NSU, ebenfalls einen Motorradhersteller, diesmal von einem luftgekühlten Vierzylinder-Boxer angetrieben. Das große und infernalisch laute Gebläse saugte die Luft durch Schlitze im Heck an, wo eigentlich das Rückfenster sein sollte. Doch

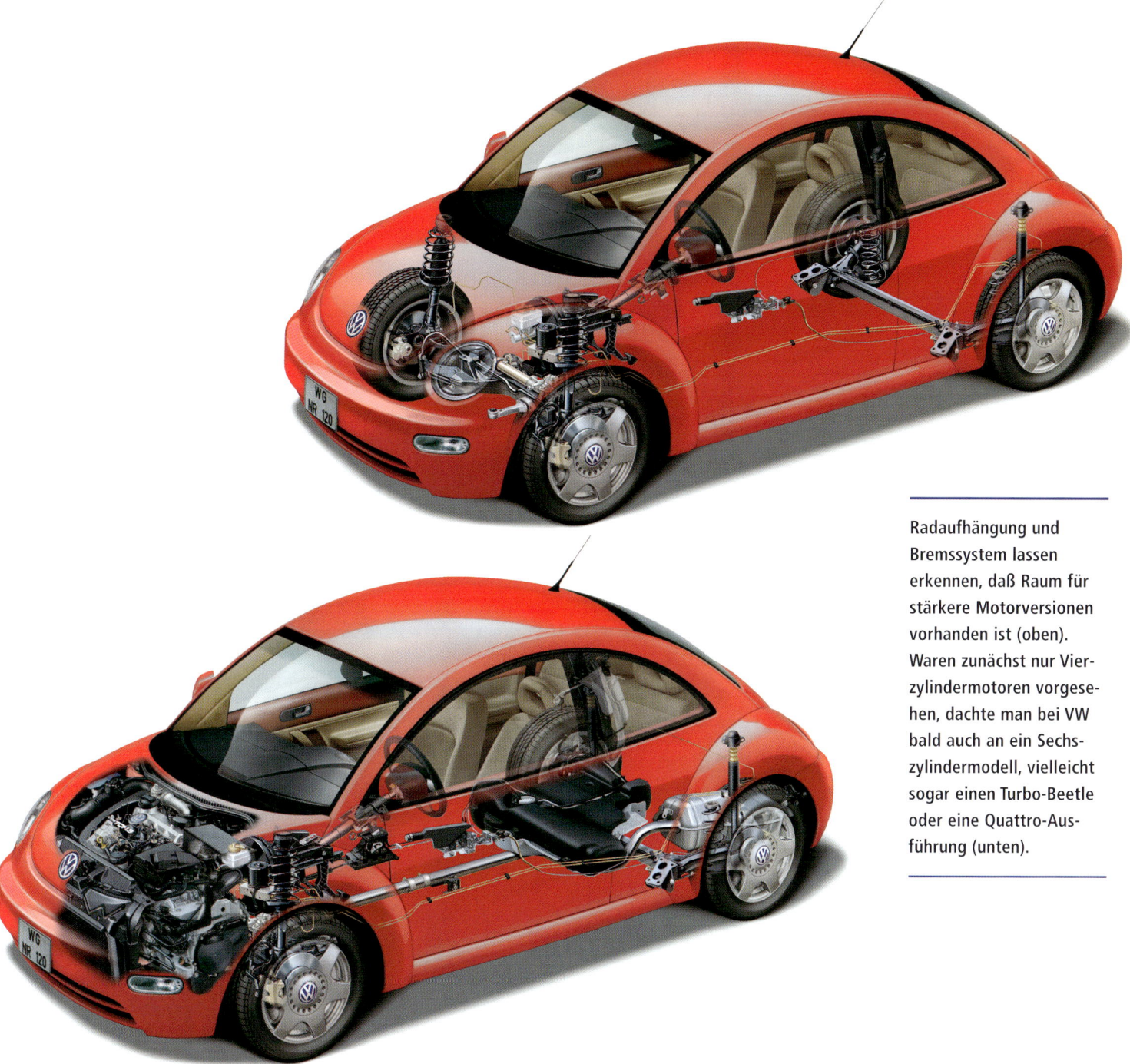

Radaufhängung und Bremssystem lassen erkennen, daß Raum für stärkere Motorversionen vorhanden ist (oben). Waren zunächst nur Vierzylindermotoren vorgesehen, dachte man bei VW bald auch an ein Sechszylindermodell, vielleicht sogar einen Turbo-Beetle oder eine Quattro-Ausführung (unten).

dafür war jetzt einfach kein Platz mehr, weshalb man durch das hoch eingesetzte Bullauge des Porsche-Autos nicht die Straße, sondern nur den Himmel sah – fast so wie später beim Käfer. Ein neues Federungssystem ließ sich Porsche auch noch einfallen, den später beim Volkswagen verwendeten Drehstab.

Eigentlich ging es aber bei jeder Neuentwicklung um dem Motor. Porsche war damit eine Ausnahmeerscheinung unter den Autopionieren. Er experimentierte mit Luft- und Wasserkühlung, Benzin- und Elektromotoren, Zylinderzahl und -anordnung, baute die Triebwerke wahlweise im Bug und Heck ein. Sein Kopf war frei für jede neue Idee. Im Unterschied zu vielen anderen Erfindern blockierte keine Vorliebe für bestimmte technische Prinzipien seinen Verstand. Gewiß, er war ein Fan des Elektroantriebs. Doch das hinderte ihn nicht, sich für jede andere technische Lösung zu interessieren.

Ein Doppelkolben-Motor sah er zunächst für seine ersten Käfer-Modelle vor. Weil sich aber diese Lösung als zu teuer und unzuverlässig erwies, wurde sie durch den für NSU entwickelten Vierzylinder ersetzt. Diese Konstruktion war aber nicht nur teuer, sondern durch oben gesteuerte

Ventile und eine aufwendig geführte Auspuffanlage auch recht kompliziert. Blieb also noch eine dritte Möglichkeit, ein luftgekühlter Zweizylinder-Zweitakter, wie in den frühen dreißiger Jahren bei vielen Motorrädern üblich. Allerdings waren die Probleme damit keineswegs gelöst. Da die zwei Zylinder zuwenig Leistung brachten, um ein viersitziges Auto auf 100 km/h Dauergeschwindigkeit zu beschleunigen, entschied sich Porsche doch wieder für den Vierzylinder.

Porsche jonglierte mit der Technik, den Kosten und der Forderung seines Auftraggebers Adolf Hitler, der Volkswagen dürfe keinesfalls mehr als 1000 Mark kosten. Der Doppelkolben-Motor lief heiß, der Zweizylinder war zu schwach, der Vierzylinder zu teuer. Entweder würde das Auto zugunsten des Motors primitiv und billig ausfallen oder der Volkswagen mußte einfach teurer werden. Porsche ruderte in jenen Kindertagen des Volkswagens heftig über den Untiefen seiner Entwicklung, und es passierte nicht selten, daß er aufstöhnte: „Ich sehe kein Ufer!" Daß später der Volkswagen nie zu Hitlers politisch kalkuliertem Kampfpreis von 1000 Mark verkauft werden konnte, auch nach dem Krieg unter VW-Chef Nordhoff nicht, daran wagte Porsche damals noch nicht zu denken.

Es war vor allem Porsches Chefingenieur Karl Rabe, der zahlreiche technische Schwierigkeiten der Käfer-Anfänge in den Griff bekam. So neigten der wegen des im Heck eingebauten Motors zu leichte Vorderwagen zum „Schwimmen" und die Räder zum Flattern. Die Kurbelwelle erwies sich als anfällig, ihre Lager als galten lange als Schwachstelle, die Motorkühlung war ungenügend. Doch am Ende kam der bekannte Käfer-Motor mit 1200 ccm Hubraum und 24,5 PS Leistung zustande.

Ziemlich genau 40 Jahre später präsentierte der damalige VW-Chef Rudolf Leiding im Mai 1974 den Käfer-Nachfolger „Golf". Zuvor hatte eine Welle von Spekulationen die Nation in Atem gehalten, wie der „neue Käfer" aussehen würde, ob es überhaupt erlaubt sei, mit der Tradition zu brechen und dem bewährten, alten Käfer den Garaus zu machen. Die Wirklichkeit fiel anders aus. Entscheidend war nicht, ob die Volkswagen AG den alten Käfer weiterbauen würde oder nicht. Wichtiger war, daß mit der Käfer-Monokultur gebrochen wurde, um den Wettbewerb auf dem stürmischen und längst internationalisierten Automobilmarkt zu bestehen.

War der Käfer vornehmlich nach den Vorstellungen eines einzigen Mannes entstanden, handelte es sich beim „Golf" um ein Team-Produkt. Zur Technik hatte die Entwicklungsabteilung der VW-Tochterfirma Audi viel beigesteuert, die Karosserie stammte aus dem Designstudio des Italieners Giorgetto Giugiaro. Das Motorenangebot war von Anfang an vielfältig: 1,1 Liter Hubraum mit 50 PS sowie 1,3 Liter mit 60 PS und 1,6 Liter mit 75 PS. Ab Juli 1974 folgte der GTI mit 110 PS aus 1,6 Liter und im Oktober ein Diesel mit 50 PS.

Nach genau 11 916 519 Käfern begann 1974 in Wolfsburg die Golf-Produktion. Der Käfer war ein Unikat, unverwechselbar und einer Epoche entstammend, in der Technik alles dominierte. Dagegen orientierte sich der Golf zwar immer noch an zweckmäßigen, sachlichen Gesichtspunkten, legte aber allein durch die Vielfalt von Modellen und Motor-Varianten die Spur zu neuer Freiheit und Phantasie. Für den Frontantrieb des Golf konnte man auf das bei der Tochterfirma NSU entwickelte Modell K 70, die Umstellung von Luft- auf Wasserkühlung und auf das Motorenprogramm der Firmentochter Audi zurückgreifen. Als hätten die Entwicklungstechniker irgendwann ihre Hemmungen überwunden, führten sie bald eine beeindruckende Zahl immer neuer Modelle, außerdem aber einen geradezu stürmischen Forschritt im Motorenbau vor, den kaum jemand noch dem Wolfsburger Käfer-Zentrum zugetraut hätte. Nach wie

vor hatte der Käfer seinen festen Platz im VW-Angebot. Doch das Ende seiner Dominanz kam einem psychologischen Befreiungsakt gleich und einer wichtigen Voraussetzung für den Aufstieg der Volkswagen AG zu einem ebenso dynamischen wie technisch innovativen Automobilunternehmen. Ferdinand Piech sagt heute über seinen Großvater Ferdinand Porsche: „Er wäre nie damit einverstanden gewesen, hätte er gewußt, daß man seinen Käfer rund 60 Jahre lang baut. Als Ingenieur sah er solche Dinge ganz nüchtern, und ich kann ihn gut begreifen."

Der Golf löste zwar den Käfer ab, doch er war nicht sein Erbe. Das Golf-Konzept orientierte sich an einer neuen automobilen Generation, die viel Platz in wenig Raum verlangte, Anpassung an möglichst viele Modell-Varianten ermöglichte und darüber hinaus einzelne Komponenten für Neuentwicklungen beisteuern konnte. Damit wurde der Golf nach dem Käfer zum neuen Rückgrat des VW-Angebots. Doch die Zeiten waren ein für allemal vorbei, da ein einziges Modell einen Automobilhersteller

Der Vierzylinder-Turbodiesel zählt zu den sparsamsten Triebwerken, die zur Jahrtausendwende auf dem Markt angeboten werden. Auffallend ist beim Blick in den Motorraum das „aufgeräumte" Design.

Gebaut wird der New Beetle in Mexiko nach genau den gleichen Qualitätsprinzipien wie in Wolfsburg. Jedes Fahrzeug besteht aus rund 10 000 Einzelteilen.

maßgeblich repräsentieren konnte. Für diesen Trend in die technische Freiheit sorgte nicht zuletzt der Porsche-Enkel Ferdinand Piech, der bereits als Technik-Chef von Audi eine Vielzahl von Innovationen vom Stapel ließ. Seine sicherlich fortschrittlichste Leistung als Trendsetter war die Präsentation des Audi quattro 1980 auf dem Genfer Auto-Salon. Piech und seinem Technik-Team war es gelungen, die Antriebskraft gleichmäßig auf Vorder- und Hinterräder zu verteilen, was auch auf nassen, eisigen und verschneiten Fahrbahnen für bislang ungewohnte Haftung sorgte. Der „quattro" löste in der gesamten Branche ein Interesse am Allradantrieb aus, das bis heute anhält. Darüber hinaus war er deutlicher Hinweis auf die technologische Führungsposition von Audi innerhalbe des VW-Firmenverbundes.

Der 1937 in Wien geborene Piech, nach dem Ingenieurstudium in Zürich neun Jahre lang bei Porsche und anschließend bei Audi tätig, bestimmte mit seiner latenten Bereitschaft zu technischen Extravaganzen maßgeblich den Weg bis zum „neuen Käfer", dem New Beetle. So hatte er 1993 erstmals auf der Internationalen Automobil-Ausstellung eine Alumi-nium-Karosserie vorgestellt, die im Jahr darauf als Audi A8 in Serie angeboten wurde. Auch der auf Audi-80-quattro-Basis gemeinsam mit Porsche entwickelte Avant RS2 mit einem 2,2-Liter-Turbomotor, der aus fünf Zylindern mit 20 Ventilen beachtliche 315 PS entwickelte, gehört zu diesen Beispielen geradezu hemmungslosen Vorwärtsdrängens. Piech hatte sicherlich nicht allein begriffen, gewiß aber am deutlichsten demonstriert, daß Techniker heute nichts mehr hindern kann, aus beispielsweise zwei Liter Hubraum 200 PS, bei Bedarf jedoch auch doppelt soviel herauszukitzeln. Langst halten die Wellenlager und Dichtungen in einem Automotor jeder Belastung stand. Zwei oder vier Ventile pro Zylinder, raffinierte Einspritztechniken, jede Form von Verbennungsräumen liefern ein kaum noch überschaubares Arsenal für den Angriff auf Leistungs- und Beschleunigungsgrenzen. Die kontaktlose Zündung markierte den Anfang der elektronischen Aufrüstung im Auto. Inzwischen verfügt schon fast jeder brave Mittelklassewagen über das ABS-Bremssystem. Jüngste Etappen bedeuten die Einführung einer stabilisierenden Fahrelektronik und der Antischlupfkontrolle.

Die Mehrzahl solcher Entwicklungen sind auch Kennzeichen des New Beetle. Denn der „neue Käfer" bedient sich der Technik des Golf-Baukastens und der formalen Anmutung des „True Beetle". Als die ersten Nachrichten in den Medien über einen neuen Volkswagen veröffentlicht wurden, der sich am alten Käfer und dessen Eigenarten orientieren würde, ging ein skeptisches Raunen durch die Autogemeinde. Es gehöre schon eine Menge Mut dazu, so wurde gesagt, ausgerechnet den Käfer zum Vorbild für ein neues Auto zu nehmen, obgleich dessen bucklige „Stromlinienform" keine aerodynamischen Vorteile versprach und überdies als seitenwindempfindlich galt. Nicht zu vergessen die unübersichtliche Karosserie, die beim Einparken mangels Überblick dem Fahrer stets ein wenig Glück abforderte. Gewiß, der Käfer vermittelte mit seiner archetypischen Form ein Gefühl der Vertrauenswürdigkeit, vielleicht sogar der Geborgenheit. Anders war auch nicht zu erklären, daß ein Millionenpublikum ausgerechnet diesem Auto ungeachtet seiner technischen Rückständigkeit so lange eisern die Treue hielt.

Sachlich waren diese Einwände alle zutreffend, nur für den New Beetle ohne Belang. Denn im Unterschied zu den Kinderjahren des Käfers studiert heute kaum noch jemand akribisch die Technik eines New Beetle, jedenfalls nicht im ersten Anlauf. Die Technik, daran hat man sich inzwischen längst gewöhnt, hat zu funktionieren. Jeder taugliche Kleinwagen erreicht heute spielend 150 km/h Spitze. Die gesamte heutige Mittelklasse ist annähernd 200 km/h schnell. Motorleistung, Federung, Servolenkung, Scheibenbremsen, alles Selbstverständlichkeiten, doch in Wahrheit eine technische Revolution der vergangenen zwanzig oder dreißig Jahre, die durchaus den Fortschritten in Raumfahrt und Elektronik standhält. So konnte man getrost davon ausgehen, daß VW-Chef Piëch für das technische Innenleben des New Beetle alle Register ziehen würde, um mit den Unzulänglichkeiten seine Urahnen fertig zu werden. Straßenlage, Seitenwindempfindlichkeit, der schwache Motor oder die ungenügende Heizung – das waren alles Schwachpunkte des alten Käfers gewesen, mit denen die Technik des neuen Käfers lässig fertig wird.

Der New Beetle kennt keines dieser Leiden. Seine Konzeption entwickelt sich aus moderner Technik, die praktisch keine Wünsche mehr offen läßt.

ALT-KÄFER-TECHNIK

Standard-Limousine, genannt Typ 11, Baujahr 1945

Motor: 4-Zylinder-Boxer mit 1131 ccm Hubraum, Bohrung/Hub 75/64, Verdichtung 5,8 und 25 PS (18 kW) Leistung bei 3300 U/min

Getriebe: Viergang- Schaltgetriebe, nicht synchronisiert

Fahrgestell: Kurbellenker-Pendelachse mit mechanischen Trommelbremsen

Maße: Länge 4070 mm, Spurweite V/H 1290/1250 mm, Radstand 2400 mm, Leergewicht 725 kg

Leistung: Spitze 105 km/h, 0-100 km/h in 50 sec, Verbauch ca. 7,5 l/100 km

Davon abweichende Werte bzw. Leistungen bei Nachfolge-Modellen:

- Hebmüller-Cabriolet, ab 1948 gebaut, genannt Modell 144, Spitze nur 100 km/h, Länge 4050 mm, Leergewicht 775 kg
- Polizei-Cabriolet, Modell 18 A, Leergewicht 740 kg
- Cabriolet 1949, Modell 15, mit um 5 km/h erhöhter Spitze und 800 kg Leergewicht
- Export-Limousine, Jahrgang 1949, Modell 11, erstmals mit hydraulisch betätigten Bremsen, die bereits ein Jahr später beim Cabrio-Modell 15 übernommen wurden. Außerdem 730 kg Leergewicht

Neben dem Fünfgang-Schaltgetriebe gehört eine Automatik zum New-Beetle-Angebot, wohl vor allem mit Rücksicht auf den US-Markt, wo fast ausschließlich Automatik-Modelle gefahren werden.

So fortschrittlich ging es bei den letzten Entscheidungen über die Serienreife des New Beetle dann freilich doch nicht zu. Vielmehr blieb es bei dem Turbodiesel, der seine 90 PS (66 kW) bei 3750 U/min aus 1,9 Liter Hubraum entwickelt und das Fahrzeug in 13,1 Sekunden von 0 auf l00 km/h bechleunigt. Die Spitzengeschwindigkeit liegt bei 170 km/h und der Durchschnittverbrauch bei 5,2 Liter/100 km. Etwas temperamentvoller geht es mit dem Zwei-Liter-Benziner zu, der bei 5200 U/min eine Leistung von 115 PS entwickelt und den Sprint von 0 auf l00 in 10,9 Sekunden schafft. Die Höchstgeschwindigkeit liegt bei 185 km/h und der Verbrauch bei 8,7 Liter /l00 km. Für den US-Markt ist außerdem eine Version mit einem 150 PS starken 1,8-Liter-Turbo-Motor vorgesehen. In der Diskussion ist überdies eine Variante mit V5-Motor, der aus 2,3 Liter Hubraum ebenfalls 150 PS entwickelt, aber zweifellos die Basis für einen New Beetle mit noch stärkeren Muskeln werden könnte.

Neben dem Fünfgang-Schaltgetriebe ist eine elektronisch gesteuerte Vierstufen-Automatik im Angebot. Die höhenverstellbare Zahnstangenlenkung arbeitet servogestützt. Die Bremsen arbeiten vorne wie hinten mit innenbelüfteten Scheiben. Die im Vergleich zum alten Käfer etwas größeren Außenmasse erfodern einen Radstand von 251,1 Zentimetern, was dem Geradeauslauf zugute kommt.

Die Einzelradaufhängung beruht vorne auf McPherson-Federbeinen mit Querlenkern, Stabilisator und Schraubfedern. Die Hinterradaufhängung besteht aus Verbundlenkerachse mit Stabilisator. Die gesamte Fahrwerkskonzeption ist so ausgelegt, daß in Zukunft stärkere Motorversionen zu erwarten sind.

Scharfsichtige Kritiker zeigten sich zwar von den Fahreigenschaften durchwegs beeindruckt, meinten aber auch, daß Mickey Mouse Im New Beetle seine Freundin standesgemäß spazierenfahren könne und dabei nicht einmal auf gewisse Nachteile des Urahnen verzichten müsse: Die Übersichtlichkeit sei nach wie vor katastrophal, und die niedrige Frontscheibe lasse zuwenig Ausblick auf die Verkehrsampel. Ästheten können sich außerdem nicht so recht mit der ausladenden Fläche des Armaturenbretts anfreunden. Doch handelt es sich dabei nur um Kritik, die allein dazu dient, die Anerkennung für das erfolgreichste Fun-Auto der Jahrtausendwende zu maskieren.

URSPRÜNGLICH GEPLANT: NEW BEETLE MIT ELEKTROMOTOR

Für die Motorisierung des New Beetle war der 90 PS starke Turbodiesel, der den Golf auf 180 km/h Spitze beschleunigt, von Anfang an die erste Option. Die Alternative war mit Ausblick auf die auch in Zukunft stetig verschärften Abgasbestimmungen in den USA ein Elektroantieb mit 50 PS, Zweiganggetriebe und einer Höchstgeschwindigkeit von 165 km/h. Die dritte Möglichkeit konzentrierte sich auf die Kombination eines Dreizylinders mit elektronischer Einspritzung und 68 PS Leistung aus 1,4 Liter Hubraum und einem Elektromotor mit 8 PS Leistung. Der Otto-Motor sollte für Überlandfahrten eingesetzt werden und dabei die Nickel-Cadmium-Batterie des für Stadtfahrten zuständigen E-Motors aufladen. Zwei automatische Kupplungen und ein Fünfganggetriebe sorgten für die Verbindung zwischen beiden Motoren. Die Spitzengeschwindigkeit sollte bei 125 km/h liegen.

Ihre Feuertaufe hatte diese Hybridtechnik bereits in dem 1991 auf der Internationalen Automobil-Ausstellung in Frankfurt vorgestellten Stadtwagen „Chico" bestanden. Unabhängig von den Kosten einer Serienfertigung wollte VW mit diesem Demonstrationsfahrzeug die Möglichkeit vorführen, daß nur beim Start und bei höheren Geschwindigkeiten der Verbrennungsmotor, aber während weniger energiezehrenden Fahrphasen der Elektromotor zum Einsatz kommen kann.

DER NEW BEETLE: TECHNISCHE ANGABEN

Motor

Bauart	**4-Zylinder-Ottomotor**	**4-Zylinder-Dieselmotor**
	vorne quer eingebaut	
	Reihenmotor, 2 Ventile pro Zylinder	
Bohrung/Hub	82,5/ 92,8 mm	79,5/ 95,5 mm
Hubraum	1984 ccm	1896 ccm
Leistung	115 PS (85 kW) bei 5200 U/min	90 PS (66 kW) bei 3750 U/min
Drehmoment	170 Nm bei 2400 U/min	210 Nm bei 1900 U/min
Verdichtung	10,5	19,5
Gemisch	elektron. Einspritzung Einzeleinspritzung in Zylinder	elektron. Direkteinspritzg. Abgas-Turoblader mit Ladeluftkühler, variable Turbinengeometrie
Zündung	Kennfeldzündung mit selektiver Klopfregelung 2 Doppelfunken-Zündspulen Longlife-Zündkerzen	
Abgasregelung	3 Wege-Kat mit Lambda-Regelung	Abgasrückführung Oxidationskatalysator

Getriebe (Serie)

Übersetzungen	**5-Gang-Schaltgetriebe**	**5-Gang-Schaltgetriebe**
1. Gang	3,78:1	3,78:1
2. Gang	2,12:1	2,12:1
3. Gang	1,36:1	1,36:1
4. Gang	1,03:1	0,97:1
5. Gang	0,84:1	0,76:1
R.-Gang	3,06:1	3,60:1
Achsübersetzung	4,24:1	3,39:1

Kraftübertragung
Frontantrieb mit Einscheiben-Trockenkupplung
hydraulische Kupplungsbetätigung

Lenkung
hydraulisch gestützte Zahnstangenlenkung, höhen- und längsverstellbar, Sicherheitslenksäule

Bremsen

innenbelüftete Bremsscheiben vorne und hinten
vorne 280 mm, hinten 232 mm Durchmesser
Diagonal-Zweikreis-System
asbestfreie Bremsbeläge
elektronisch gesteuertes Anti-Blockiersystem (ABS)
sowie elektronische Bremskraftverteilung (EBV)

Fahrwerk

Federung vorne durch Schraubenfedern und Teleskopstoßdämpfer, beide in Federbeine integriert;
Federung hinten durch Gasdruckstoßdämpfer und Federn;
Radführung vorne durch Federbeine und Dreiecks-Querlenker,
spurstabilisierender Lenkrollradius;
hinten Verbundlenkerachse mit spurkorrigierendenLagern;
Stabilisator vorne und hinten, elektronisches Stabilitätsprogramm (ESP)

Räder 6 $^1/_2$ Jx 16
Reifen 205/55 R 16 W

Leistung	4-Zylinder-Ottomotor	4-Zylinder-Dieselmotor
Spitzengeschwindigkeit (mit Schaltgetriebe)	185 km/h	170 km/h
Beschleunigung (mit Schaltgetriebe) 0 auf 100 km/h	10,9 sec	13,1 sec

Verbrauch	4-Zylinder-Ottomotor	4-Zylinder-Dieselmotor
Treibstoff	Super, bleifrei	Diesel
Stadt	11,8 L/100 km	6,8 L/100 km
über Land	6,9 L/100 km	4,3 L/100km
Durchschnitt	8,7 L/100 km	5,2 L/100 km

Karosserie

selbsttragend, Sicherheitsfahrgastraum;
Versteifungsprofile in Türen und Seiten-Strukturen als Kollisionsschutz;
Verformungszonen vorne und hinten;
Front- und Seitenairbag für Fahrer und Beifahrer;
Karosserie vollverzinkt, Langzeit-Hohlraumkonservierung durch Heisswachs;
Radschalen aus Kunststoff vorne und hinten;
Dauerschutzkonservierung von Unterboden und Radhäusern.

Abmessungen

Außen

Länge x Breite	4081 mm x 1724 mm
Höhe	1498 mm
Radstand	2508 mm
Spurweite vorne/hinten	1508/1494 mm
Wendekreis	10,8 m

Innen

Kopfraum vorne	1050 mm
Kopfraum hinten	932 mm
Sitzraum hinten	658 – 909 mm
Ellenbogenmaß vorne	1397 mm
Ellenbogenmaß hinten	1328 mm

Gepäckraum

Länge bei aufgestellter Sitzbank	701 mm
Länge bei bei umgeklappter Sitzbank	1242 mm
größte Breite	1101 mm
Breite zwischen Radkästen	1000 mm
Höhe	496 mm
Volumen	209/ 527 Liter

Gewicht	4-Zylinder-Ottomotor	4-Zylinder-Dieselmotor
Leergewicht	1228 kg	1248 kg
Zuladung	422 kg	427 kg
zul. Gesamtgewicht	1650 kg	1675 kg
zul. Achslast vorne/hinten	940/800 kg	970/800 kg
zul. Anhängelasten		
ungebremst	600 kg	600 kg
gebremst	1200 kg	1200 kg
zul. Dachlast	50 kg	50 kg

Füllmengen	4-Zylinder-Ottomotor	4-Zylinder-Dieselmotor
Motoröl	4 Liter	4,5 Liter
Kühlmittel	5,3 Liter	5 Liter
Scheibenwaschwasser	2 Liter	2 Liter
Tankvolumen	55 Liter	55 Liter

Service

Ölwechsel alle 15 000 km; Inspektioneinmal jährlich oder alle 30 000 km; Gewährleistung 1 Jahr ohne Kilometerbegrenzung, 3 Jahre auf Lack, 12 Jahre gegen Durchrostung; Mobilitätsgarantie

DIE MARKTNISCHE DES NEW BEETLE

Einmal angenommen, ein Autohersteller würde ein neues Modell präsentieren. Und weiter angenommen, dabei würde es sich um ein ganz spezielles Fahrzeug handeln, allein dazu bestimmt, die tägliche Strecke zur nächsten Stadtbahnstation zurückzulegen, die für Hunderttausende in den Vorstädten zum morgendlichen Weg zur Arbeit und zum abendlichen Heimweg gehört.

JEDEM KUNDEN EIN BESONDERES AUTO

Der Neuentwicklung müßte wohl eine gründliche Untersuchung der Kundenwünsche vorausgehen. Dabei käme vermutlich heraus, daß ein Vehikel mit derart beschränktem Verwendungszweck über eine Handvoll ganz präzise definierter Eigenschaften verfügen muß, etwa über Radio, leistungsfähige Heizung und günstige Verbrauchswerte. Ein ausreichender Kofferraum für gelegentliche Einkaufsfahrten zum nächsten Supermarkt wäre zwar ein begrüßenswertes Attribut, doch keine zwingende

Notwendigkeit, da es sich bei dem „S-Bahn-Zubringer-Auto" ohnehin nur um einen Zweit-, Dritt- oder Viertwagen handelte.

Mit solchen auf bestimmte Kundenwünsche zugeschnittenen Automodellen beschäftigen sich alle Hersteller der PS-Branche. Doch VW hat sich mit dem New Beetle als „Gute-Laune-Auto" bislang am weitesten vorgewagt. Erstmals wurde eine „lachende Physiognomie" in das äußere Erscheinungsbild eingeführt, verbunden mit nostalgischen Erinnerungen

Die Fahrer-Perspektive vermittelt VW-Geist: übersichtlich und konsequent. Über Geschmack kann man streiten, aber beim Gesamteindruck im Innenraum geht es nicht zuerst um „Schönheit", sondern um Funktionalität und charakteristisches Ambiente.

Vorne frech, mit dem Gesicht eines Clowns, hinten fett und keck – so kommt der New Beetle daher. Wesentlich zu diesem Eindruck tragen die ausladenden Kotflügel bei.

an die gute, alte Käfer-Zeit, in der es noch gemütlicher und somit freundlicher zuging. Kein neues Automodell wurde bislang so deutlich auf irrationale Kundeninteressen ausgerichtet wie der New Beetle. Bevor er 1998 in das Interesse der deutschen Öffentlichkeit rollte, existierte noch nicht einmal seine Marktnische. Fast scheint es so, als hätte der New Beetle allein durch sein Erscheinen auch seinen eigenen Bedarf auf dem Käufermarkt geweckt.

DER NEW BEETLE IST EIN MARKETINGPRODUKT

Urheber dieser Entwicklung war VW-Chef Ferdinand Piech. Er durchbrach die angestammte Grenze der Großserienmodelle und stieß in Marktbereiche vor, die bislang Wolfsburger Fremdland waren. Zwar rüstete auch die Konkurrenz ab- und aufwärts. Mercedes legte sich mit der A-Klasse und dem „Smart" eine eigene Volkswagen-Abteilungzu. BMW holte sich mit dem Land-Rover das Urbild aller Off-Roader ins Haus. Und in der automobilen Oberliga, die in Europa von dem deutschen Trio Audi, BMW und Mercedes dominiert wird, will Ford mit neuen Jaguar-Modellen gegenhalten. Doch keiner ging so gezielt zum Angriff auf breiter Front vor wie VW-Chef Piech, der von sich sagt, er hätte gerne Napoleon kennengelernt – also volles Risiko als strategisches Credo.

Dabei begann alles ganz undramatisch. Als der Porsche-Enkel seinen Wolfsburger Top-Job antrat, kümmerte er sich zunächst einmal gründlich um Kasse und Klasse. Neu beim Massenhersteller Volkwagen war, daß Piech nicht länger Quantität vor Qualität rangieren ließ, sondern diese Reihenfolge auch dann umkehrte, wenn notwendige Nacharbeiten manchen Golf den Gewinn kosteten. Die Montagezeiten wurden so gestrafft, daß jeder Golf '98 nach etwa 20 Stunden aus der Werkshalle rollte, nach über einem Drittel weniger Zeit als der Vorgänger. Insgesamt 38 Modelle trugen zu diesem Zeitpunkt das Markensignet einer der vier Wolfsburg-Firmen VW, Audi, SEAT oder Škoda. Jede Marke mußte strategisch gegen die Konkurrenz ausgerichtet werden: Skoda mit robuster Technik gegen Volvo, SEAT durch südländisch-sportliches Image gegen Lancia und Alfa, Audi als gehobene sportliche Marke gegen BMW, während VW die breite Marktposition gediegener Langlebigkeit besetzte.

Als Alltagsauto ist der New Beetle fast zu schade. Viel besser eignet er sich als Ausflugsvehikel an einem schönen Sommertag – mit guter Laune und fröhlichen Gedanken. Genauso wurde er beurteilt, als die ersten Fahrzeuge im amerikanischen Straßenverkehr auftauchten. In New York vergaßen staunende Polizisten sogar, ein Strafmandat für falsch geparkte New Beetles auszustellen ...

ERLAUBT IST IN WOLFSBURG, WAS SICH VERKAUFT

Die Wolfsburger Führungs-Crew nahm eine ganz neue Autokultur ins Visier. Deshalb wurde dem Konzern Ende der neunziger Jahre nicht nur ein technisch-kaufmännisches Großreinemachen verordnet, sondern darüber hinaus von den Mitarbeitern die totale Identifikation mit dem Produkt, Elan für Job und Erfolg gefordert. Piech ließ alle paar Monate seinen Generalstab zu Off-Road-Ausflügen antreten, mal nach Norwe-

gen, mal nach Feuerland. „Incentive" heißen solche Motivationstrips. „Anstrengend" sagten die Teilnehmer dazu, denn wer nicht durchhielt bei den stundenlangen Touren, konnte schon mal sein Ticket für den vorzeitigen Rückflug beim Frühstück vorfinden. Piech wollte seine Mitarbeiter so lange herausfordern, bis sie nicht länger allein an Markt und Absatz, sondern vor allem an Image, technische Vielfalt und ganz besonders an Spaß dachten.

Er erwies sich als einer der wenigen Chefs der Branche, die den Automobilbau neben der Computersparte als eines der letzten Abenteuer in der durchrationalisierten Industriewelt begriffen.

DAS NEW-BEETLE-TUNING

Der Mensch sei ein wahrhaft rätselhaftes Wesen, meinte unlängst ein amerikanischer Wissenchaftler. Als Beweis führte er die Tatsache an, daß der Mensch täglich rund 50 000 Gedanken produziert. Stellt man diese imposanten Denkleistung die rund 700 verschiedenen Automodelle gegenüber, die derzeit in Deutschland zum Kauf angeboten werden, ist unübersehbar, warum die Phantasie noch über ausreichend Kapazität verfügt, um sich immerzu neue Varianten eifnallen zu lassen.

Der Käfer war ein besonders beliebtes Opfer menschlicher Veränderungstriebe. Ein Brite rüstete seinen Käfer mit einer Schiffsschraube aus und versuchte mit dem abgedichteten Vehikel von Frankreich aus über den Ärmelkanal die heimische Küste zu erreichen. Als er die Distanz bis auf drei Kilometer geschafft hatte, ließ hoher Seegang den Käfer volllaufen und absaufen. Andere Käfer wurden zu Buggys umgerüstet und mit Unterstützung des Volkswagenwerkes entstand sogar eine besondere Rennklasse, die „Formel Vau". Die erste Ölkrise war noch frisch in Erinnerung, da tauchte 1974 ein gelbschwarzer Käfer mit dunkler Haube bei Rallye-Starts auf, in einer Wolfsburger Kleinserie von 3500 Exemplaren und heute lächerlich erscheinenden 50 PS gefertigt. Es gab Tuningbausätze für fast jeden Anspruch, und der elsässische Tuner Remmele

besorgt es noch heute dem Stammvater aller Volkswagen-Modelle so kräftig, daß ein Hubraum von drei Liter und 200 PS Leistung dabei herauskommen. Käfer beeindruckten mit Lkw-Rädern, und Käfer-Karossen traten zu Dragster-Rennen an. Kaum ein Auto hat in so vielfältigen Varianten jeden nur denkbaren Spaß geduldig über sich ergehen lassen.

NEW BEETLE MIT 300 PS

Dabei sah der alte Käfer, der Biedermann unter den Autos schlechthin, im Vergleich zum New Beetle geradezu unerbittlich harmlos aus, weshalb sein jugendlicher Nachkomme schon kurz nach dem Serienstart

Rund 700 Automodelle werden derzeit in Deutschland angeboten. Der New Beetle zählt sicherlich zu den ungewöhnlichsten „Charakteren". Er markiert einen Wandel in der Automobilindustrie, die immer mehr Fahrzeuge „für besondere Wünsche" produziert.

„Beetle RSi" heißt das renntaugliche Modell, das Wolfsburger Ingenieure mit technischer Verliebtheit 1999 auf überbreite Reifen stellten. Die 2,8-Liter-Maschine mit sechs Zylindern und Vierventiltechnik liefert ein Drehmoment von über 400 Newtonmetern.

hemmungslos die Muskeln spielen läßt. „Beetle RSi" heißt der Kraftprotz, der im Januar 1999 von Volkswagentechnikern erstmals über die Testpiste gejagt wurde, mit sechs Zylindern und einer Kraftentfaltung „von 300 PS an aufwärts, so genau wissen wir das noch nicht", kalkulierte die Wolfsburger Firmenzentrale vorsichtig. Dabei kommt der kugelige Renner daher, als wisse er ganz genau, wo es langgeht. Reifen der Fett-Größe 255/45 R 18 unter den ausgestellten Kotflügeln, eine verbreiterte Frontschürze und am Heck ein Spoiler, mindestens so mächtig wie in der Formel 1, lassen zumindest keinerlei Zweifel aufkommen, daß da einer vor Kraft kaum laufen kann.

DER LACHENDE KRAFTPROTZ AUF BREITREIFEN

Motorisiert ist er mit einer 2,8-Liter-Maschine, deren sechs jeweils über vier Ventile beatmete Zylinder von einem, bei manchen Testfahrten auch zwei Turboladern aufgeblasen werden. Das Drehmoment liegt bei mindestens 400 Newtonmetern. Die Kraftübertragung wird über eine Sechsgangschaltung der elektro-hydraulischen Haldex-Kupplung anvertraut, die auch im Audi TT ihren Dienst tut. Gedacht ist der hochgepowerte New Beetle für den Wettbewerb um den Markenpokal. Doch Beetle-Chef

Piech hat bereits weiter reichende Pläne. Weil er weiß, daß zumindest die Amerikaner sich immer noch durch Kraft und Protz beeindrucken lassen, wird er die kultige Kugel zu einem scharfen Geschoß entwickeln. Auch die Tuning-Branche nahm sich schon kurz nach der Vorstellung des Serienmodells beherzt des kleinen Rundlings an. Sozusagen der Grundklasse entsprich der „Ascari" aus dem fränkischen Röttingen. Für rund 2500 Mark bringt er anstelle der serienmäßigen 115 PS zwar nur zehn PS zusätzlich, aber dafür doppelt soviel Drehmoment an die Räder. Auf demselben Niveau bewegt sich die schwäbische Firma Wendland mit dem auf 130 PS und 300 Nm beträchtlich verstärkten Serien-Diesel.

Nun geht es beim Tuning entgegen landläufigen Vorstellungen allerdings keineswegs vorrangig darum, angetörnte Autos über die Autobahn zu treiben und dabei braven Bürgern am Volant einen gehörigen Schreck einzujagen. Überhaupt spielt echter Leistungsnutzen weit weniger eine Rolle. Schon die Serienmodelle, so eine Untersuchung des TÜV, werden zu über 90 Prozent nie bis an ihre Leistungsgrenze ausgefahren. Mit anderen Worten: Die Kundschaft gibt bereitwillig Geld für Pferdestärken aus, die nie ihren Stall verlassen! Was ebenso erstaunlich wie unvernünftig klingt, ist indessen weit verbreitet. Auch die kostspieligen Kamera- oder Camcorder-Ausrüstungen, durchaus professionellem Gebrauch angemessen, sind bei dem gelegentlichen Einsatz für Urlaubs-

Ebenso wie in seinen großen Tagen der alte Käfer hochgetunt auf Rennpisten auftauchte, wird inzwischen auch der New Beetle von Spezialisten aufgerüstet: mit Formel-1-Spoiler und bis zu 300 PS starken Motoren.

oder Weekend-Aufnahmen gründlich unterfordert. Ähnlich verhält es sich mit dem Computer. Alle Hersteller legen darauf Wert, daß ihre Elektronik weit mehr vermag, als nur Brieftexte zu verdauen oder Faxe zu verschicken. Gekauft werden aber überwiegend Speicher- und Arbeitskapazitäten, die jeder Mittelstandsfirma standhalten könnten, obgleich die Mehrzahl der PC-Besitzer niemals bis zu dieser Grenze vorstoßen.

Ebenso ist das Auto-Tuning eine – allerdings besonders ehrgeizige – Form von Understatement: Mehr sein als scheinen! Es gehört zu den freundlichen Gedankenlosigkeiten, der Besitzer getunter Autos, daß sie sich nie darüber Rechenschaft ablegen, wie sehr sie sich gerade durch ihre technischen Unterscheidungsmerkmale in eine klassenlose Gesellschaft einordnen.

Klassenlose Gesellschaft unter Autobesitzern?

Schon dem Käfer schrieb man das Merkmal „Klassenlosigkeit" zu. Der Käfer-Fahrer wurde keiner bestimmten Gesellschaftsschicht zugeordnet. Er konnte Handwerker oder Akademiker, Minister oder Volksschullehrer sein. Die Marketingleute des Volkswagenwerkes, danach befragt, ob diese klassenlose Käfer-Gesellschaft auch für dessen Nachfolger gelten, bestätigen dies mit einem energischen Ja. Besonders der Golf gilt unter diesem Gesichtspunkt als Käfer-Nachfolger. Und innerhalb der Golf-Palette fällt wiederum ein Modell auf, daß überraschend deutliche Merkmale der Klassenlosigkeit aufweist: der Golf GTI.

Gedacht als sportliches Modell für sportlich motivierte Fahrer, legte sich der GTI ein weit über das Sportliche hinausgehendes Image zu, das am besten mit dem Begriff „Funktionalität" beschrieben wurde. GTI-Käufer nannten hohe Fahrleistungen in Verbindung mit niedrigem Benzinverbrauch als Kaufmotiv. Daneben stellten sie überdurchschnittlich hohe Ansprüche an Fahreigenschaften und Bedienung, an Ausstattung und Verarbeitung. Sie kamen aus ganz unterschiedlichen Berufen und Einkommensgruppen, stiegen häufig von anderen Marken und größeren Modellen auf den GTI um.

Auffallend oft hatte man es bei den GTI-Anhängern aber auch mit Menschen zu tun, die ganz bestimmte Geschmacksrichtungen vertraten – die Neigung zu Schwarz beispielsweise: schwarze Kleidung, schwarzer Autolack, schwarze Auslegeware im Wohnzimmer, schwarze Ledersitze im GTI. Daraus ziehen Psychologen den Schluß, daß Klassenlosigkeit offenbar mit einem kompakten Auto besser als mit einem großen Fahrzeug verwirklicht werden kann. Ähnlich wie bei Kameras oder Uhren ist ein

Ein getunter Beetle kostet einschließlich modifiziertem Fahrwerk leicht doppelt soviel wie zwei Serien-Beetles.

Trend in Richtung „klein aber fein" erkennbar, der bei bestimmten Automodellen wie dem GTI die üblichen Maßstäbe von Prestige und Repräsentation außer Kraft setzt.

TUNING-BEETLE FÜR 120 000 MARK

Es fällt auf, daß der New Beetle alle diese VorauSetzungen ebenfalls besitzt. Sogar als hochgetunter PS-Protz bleibt er vorrangig ein New Beetle, dessen Besitzer zwar einer gewissen Neigung zu Individualismus, gewiß aber keiner Klasse zugeordnet werden kann.

Diesen tiefenpsychologischen Spuren folgt auch der „Digitec Beetle" aus Datteln, bei dem der 1,8-Liter-Motor der US-Version durch 1,5 bar Ladedruck eines potenten Turboladers von 150 auf über 300 PS hochgetrieben wird. Das Drehmoment legt auf 400 Newtonmeter zu. Die Höchstgeschwindigkeit liegt bei 260 km/h und der Preis bei 130 000 Mark, Fahrwerksanpassung inklusive. Viel läßt das Outfit davon nicht erkennen, ebensowenig wie beim „Muggiano Beetle" aus dem bayerischen Geretsried. Das gleiche VR6-Triebwerk, das von der Wolfsburger Entwicklungsabteilung für die Cup-Rennen vorgesehen ist, wird hier auf vergleichsweise bescheidene 200 PS und etwa 220 km/h Spitze getrimmt. Zusammen mit dem angepaßten Fahrwerk kommt freilich ein Preis zustande, der zwei Serien-Beetles entspricht.

DAS VW-MÄRCHENPROJEKT

Als sich Deutschlands Traditionsfirma Daimler-Benz mit dem US-Konkurrenten Chrysler zu einem Großunternehmen vereinigte, ging mißmutiges Murren durch die Autogemeinde zwischen Kiel und Konstanz. Würden in Zukunft, so fragten die prestigebewußten Mercedes-Fahrer, in ihren Werkstätten nun die klobigen Chrysler-Jeeps gewartet? Und wie würde sich das vornehme Daimler-Image mit den hemdsärmeligen US-Manieren vertragen?

Plötzlich wurde deutlich, daß Autofirmen nicht nur von Autos, sondern mehr noch von ihrer während Jahrzehnten entwickelten Vierradkultur leben. Audi beispielsweise gilt als High-Tech-Zentrum, Ford als Hersteller gediegener Preiswert-Karossen. Und Volkwagen stand eigentlich immer im Ansehen eines Massenherstellers – gute Qualität, aber selten aufregende Technik.

Seit einiger Zeit ist alles anders. Wolfsburg kaufte die Nobelfirma Rolls-Royce. Ford nutzt Jaguar als Imageträger. Beim Zusammenschluß von Daimler und Chrysler begann ein weltweites Abzählspiel, daß der deutsche Partner die obere Pkw- und die schwere Lkw-Klasse dominiert, die Amerikaner hingegen mit Nutzfahrzeugen, Jeeps und Minivans 70 Prozent ihres Umsatzes einfahren, weshalb beide doch ganz gut zusammenpassen. Doch in Wahrheit geht es bei Firmenentscheidungen nicht mehr vorrangig darum, ob Modellpaletten zusammenpassen, sondern um die Präsenz und Aufteilung der großen Automärkte. Als sich Renault beim japanischen Hersteller Nissan einkaufte, ging es fast nur um die verbesserten Chancen der Franzosen auf den Übersee-Märkten.

Doch Autokäufer kaufen keine Märkte, sie kaufen Autos, und diese wiederum repräsentieren eine ganz bestimmte Kultur. Die erfährt indessen nachhaltige Veränderungen, am deutlichsten in Wolfsburg. Er wolle in

Der New Beetle signalisiert die Aufbruchstimmung bei VW. Massenautos sind nur noch ein Teilsegment des Geschäfts. Immer mehr rücken Modelle in den Mittelpunkt, die eine hohe Autokultur repräsentieren. In Zukunft soll ganz Wolfsburg über die Werksgrenzen hinaus in diese Entwicklung mit einbezogen werden.

wenigen Jahren eine komplette Modellpalette anbieten, verkündete VW-Chef Fedinand Piech, von der Nobelkarosse bis zum Mini-Stadtauto. Die VW-Zentrale verwandelte sich in verblüffend kurzer Zeit vom etwas verschlafenen Firmenkontor in einen dynamisch agierenden Kommandostand, der für jede Überraschung gut ist.

Die größte Überraschung war der New Beetle, ein Auto, das mit der „Botschaft Lebensfreude" daherkommt, eine moderne Übersetzung der alten Käfer-Philosophie, mithin die Verknüpfung von Tradition und Zeitgeist. Der New Beetle markiert eine Trendwende für die Selbstdarstellung deutscher Autofirmen: Es geht nicht länger allein um Autos und Mobilität. Das Feeling für aktuelle Trends und globales Bewußtsein rückt in den Mittelpunkt. Der New Beetle ist ein Beispiel dafür, daß Autos zunehmend eine Denkweise transportieren. Wolfsburg war nach dem Zweiten Weltkrieg ein Barackenlager in der niedersächischen Heide, wo

bis dahin Tausende von Zwangsarbeitern Kübelwagen für die Wehrmacht montiert hatten. Wo ein paar Jahre zuvor Adolf Hitler den Grundstein für die Fabrik des KdF-Wagens gelegt hatte. Beim Einmarsch der Alliierten hatte das Lager noch nicht einmal einen Namen, und es war die britische Militärregierung, die sich nach der benachbarten Burg des Schulenburg-Geschlechts den Namen „Wolfsburg" einfallen ließ.

Damit wurde der eigentliche Grundstein für ein Unternehmen gelegt, in dem der Gründungsmythos der Bundesrepublik vom Band rollte und wo Volkswagen den Standard für die technische Zivilisation der Deutschen setzte. Das war eine ganz und gar ernsthafte Angelegenheit.

DER NEW BEETLE UND DIE WOLFSBURGER ERLEBNISWELT

Doch dann kam eines Tages der New Beetle – und mit ihm kam Freude auf. VW-Werker grinsten, wenn ihnen der kleine Kasper mit den ausladenden Kotflügeln und der lachenden Front begegnete. Damit freilich nicht genug. Der New Beetle war nur ein erstes Signal. Kurz vor der Jahrtausendwende weisen am Ostrand des Wolfsburger VW-Geländes viele bunte „Autostadt"-Logos den Weg zu einer Großbaustelle, wo einmal die Menschen dem Automobil huldigen werden: „Wir möchten eine einzigartige Metropole schaffen, in der die Geisteshaltung des Volkswagen-Konzerns und die unterschiedliche Identität seiner Marken in einer faszinierenden Atmosphäre sichtbar werden", heißt es in der Beetle-Zentrale, „geprägt von Kreativität, Individualität und Dynamik."

Das Wortgeklingel gilt der neuen Art von Selbstdarstellung einer Autofirma. Eine hypermoderne Messelandschaft mit zentraler Piazza, viel Grün und Wasser, ohne Straßen, Staus und Verkehrsampeln erwartet die Besucher. Achtzehn Meter hohe Flügelportale werden im „Willkommensraum" zur Begegnung mit Gastronomie und Konsum rund ums Auto öffnen. Das Museum führt die „automobilen Legenden" vor, die vom alten Käfer zum Beispiel, aber auch die vom New Beetle. Wer mag, kann in Fahrsimulatoren einsteigen, in der Autobibliothek stöbern. Höhepunkte sind allerdings die sogenannten Markenpavillions, bislang sieben. Hier sollen die Besucher „Freundschaft mit ihrer Marke" schließen und ein wenig nach der nächsthöheren Klasse schielen. Škoda informiert über die ehemalige kommunistische Tschechoslowakei, SEAT über das

Am Rande des Werksgeländes entsteht ein riesiger „automobiler Erlebnispark", in dem jede Marke – VW, Audi, Bentley, SEAT, Škoda, Bugatti – sich mit einer eigenen Show präsentiert (linke Seite und oben). In einem verglasten Hochregallager stehen 400 New Beetles für die Kunden bereit, denen die Übergabe ihres Neuwagens als Erlebnis bereitet wird. Eine ähnliche Anlage entsteht in Dresden, wo VW-Kunden die Montage „ihres" Fahrzeugs beobachten können. Damit sind Autos nicht mehr nur technische Produkte, sondern sie stehen im Mittelpunkt einer Art Disney-World für VW-Kunden.

Spanien der Franco-Diktatur, beide besiegt vom Triumph gesellschaftlicher Mobilität. Die Kernmarke Volkswagen präsentiert sich architektonisch als schlichter, klarer und durchsichtiger Kubus. Die Marke Bentley hingegen bohrt sich gleich einem Flugzeugflügel in den Berg. Und überragt wird die Anlage von zwei gläsernen Kuben, mit 42 Metern ebenso hoch wie die denkmalsgeschützten Werkskamine. Gleich himmelshohen Motorkolben werden die nachts über Wolfsburg strahlen, vollgestellt mit 400 Neuwagen, Hochregallager für viele, viele bunte New Beetles: „Libidinöse Sammelkästen", spottete die *Süddeutsche Zeitung*. Kein Mensch wird diese Anlage jemals betreten, denn Elektromotoren befördern vollautomatisch die eingelagerten Fahrzeuge unterirdisch zu den rund 1000 VW-Käufern, die täglich ihr Gefährt höchstpersönlich abholen.

Die Vorbereitungen laufen im Jahr vor Silvester 2000 auf Hochtouren. Große Teile von Wolfsburg wurden zu Erholungslandschaften ausgerufen. Der städtische Fußballclub erhält eine Multifunktionsarena. Hinzu kommen Shopping-Center, Cafés, Schwimmbad, Fußgängerzone, Kinos, eines davon erstmals für die Vorführung von „Duftfilmen" geeignet, 3-D sowieso. Eine postmoderne Freizeitatmosphäre soll anstelle früherer Fließbandmiefigkeit die VW-Stadt bestimmen.

Natürlich läßt sich der ganze Aufwand respektlos als gigantische Verkaufs- und Werbeaktion deuten, als eine Art Disney-World für VW-Kunden. Auch Firmen wie Coca-Cola oder Mc Donald's verpaßten sich ein weltweit unverwechselbares Image. Doch im Unterschied zu Zuckerwasser und Fleischklopsen gehören Autos zu den Mythen der Neuzeit, geformt aus Blech und Reifengummi, inzwischen längst mehr Kommunikations- als Fortbewegungsmittel. Und so betrachtet, erscheint es nicht mehr so extravagant, wenn sich Wolfsburg, die Stadt der größten Autofabrik der Welt, als Symbol einer hochtechnisierten Erlebniswelt präsentiert, mit vielen kleinen Autos, die entweder nur noch höchstens drei Liter Sprit auf hundert Kilometer verbrauchen oder von der Art des bunten, kugeligen New Beetle sind.

EIN HAUCH AMERIKANISCHER LEBENSART

Zweifellos ist die Idee amerikanisch inspiriert, ein Einfall von Marketingexperten und dafür gedacht, einem oberflächlich konsumierenden Publikum möglichst viele oberflächliche, aber vor allem angenehme Eindrücke von Volkswagen und den diversen VW-Marken zu vermitteln. Aber schließlich wurde der alte Käfer erst so richtig berühmt, als die Amerikaner das niedliche, kleine Warzenauto zu ihrem Liebling und in den Siebzigern zum Kinderwagen ihrer Flower People erkoren. Und auch sein Nachkomme, der New Beetle, ist so ein Produkt amerikanischer Lebensart, fröhlich, immer bereit zum Aufbruch, egal zu was, also jenseits der technischen Fortbewegung ein gutes Stück Lebensmut. „Wir erzählen den Menschen das Märchen von der Mobilität. Alle Lebensstile

dieser Welt sind für jeden erreichbar", faßt Klaus Kocks, Generalbevollmächtigter des Konzerns für Öffentlichkeitsarbeit, das Credo von Neo-Wolfsburg im New-Beetle-Zeitalter zusammen.

Das Auto als Erlebnistechnik, das trifft den New Beetle ebenso wie das neue Selbstverständnis der Firma Volkswagen. Als 1998 der New Beetle in den USA öffentlich vorgestellt wurde, saß Ferdinand Piech – 61 Jahre alt, Selbstdisziplin in Person und Einzelkämpfer wie sein Großvater – mitten in einer dröhnenden Jimi-Hendrix- und Janis-Joplin-Fete in Atlanta. Im flippigen Stil der sechziger Jahre feierten die Menschen eine „Born-again-Beetle"-Party. Daß der Nackkomme des Volkswagen-Konstrukteurs mit dem Nachkommen des Käfers dessen Mythos zu neuem Leben erweckte, erklärt seine nach außen gewendete Firmenphilosophie: Der Wolfsburger Konzern soll so global und glitzernd wie nie zuvor werden. „Das Beste oder nichts" ist dabei der Grundsatz, nach dem das Fahrzeugangebot in den nächsten Jahren von ehemals 38 auf ein halbes Hundert Modelle erweitert wird – der New Beetle als Symbol für „New Volkswagen".

In Dresden baut der Konzern eine sogenannte „Glas-Manufaktur". Hinter der Glasfassade eines 40 Meter hohen Zylinders sowie zwei 145 Meter langen, ebenfalls verglasten Gebäuden, wird montiert, gewartet, verkauft: eine Art automobile Kunstgalerie für Kunden und Neugierige. „Wir machen das Produkt und seine Fertigungsweise vollkommen transparent", erklärt Folker Weißgerber, Vorstand der Marke Volkswagen, das Projekt. „Nichts geschieht hinter verschlossenen Türen, alles ist lichtdurchflutet. Wir fügen die Autos dort in Präzisions-Handarbeit zusammen und realisieren eine individuelle Fahrzeugübergabe an den Kunden. Volkswagen informiert also den Kunden darüber wann sein Auto gefertigt wird. Dann laden wir ihn ein. Er kann eine Woche lang mit uns den Bau seines Autos verfolgen und die abschließenden Tests beobachten. Wir machen damit Spitzentechnologie nachvollziehbar."

Abermals geht es um Show, um Sinneseindrücke. Dazu paßt der New Beetle als Werbeflitzer einer exhibitionistischen Autokultur.

Der New Beetle gilt als amerikanisch inspiriertes Auto, fröhlich und naiv, ein wenig flippig, zugleich aber technisch durchdacht und anspruchsvoll. Diese Symbiose aus Stimmung und Funktion macht den neuen VW-Stil aus.

ZEITLÄUFTE
DIE BIOGRAPHIEN DES KÄFERS UND DES NEW BEETLE

- **1931** Der Ingenieur Ferdinand Porsche entwickelt erstmals den Gedanken eines Kleinwagens mit Heckmotor und käferförmiger Karosserie.
- **1934** Porsche erstellt eine technische Studie für seinen Kleinwagen, die er dem deutschen „Führer" Adolf Hitler schickt. Porsche erhält daraufhin einen Entwicklungsauftrag für das Fahrzeug. Adolf Hitler spricht erstmals in der Öffentlichkeit von einem „Volkswagen".
- **1936** Porsche stellt erste Prototypen des späteren VW-Käfer vor. Erste Testfahrten finden statt.
- **1937** Die deutsche Regierung gründet die „Gesellschaft zur Vorbereitung des Deutschen Volkswagens mbH". Reichskanzler Adolf Hitler trifft Entscheidung über den zukünftigen Standort des VW-Werkes bei Fallersleben.
- **26.5.1938** Adolf Hitler legt den Grundstein für den Neubau des Volkswagenwerkes. Zu diesem Zeitpunkt heißt der Käfer „Kraft-durch-Freude-Auto", und das am 1.7.1938 gegründete Wolfsburg wird offiziell „Stadt des KdF-Wagens bei Fallersleben" genannt.
- **1939** Einführung eines Ratensparsystems durch Nationalsozialistische Deutsche Arbeitsfront: Durch kleine Wochenraten können Sparer im Laufe mehrerer Jahre zum Käfer-Besitzer werden. Die Produktionshallen des neuen VW-Werkes werden im Rohbau fertiggestellt, allerdings die Produktion wegen des inzwischen ausgebrochenen Krieges von Anfang an auf kriegswichtige Güter umgestellt.
- **1940** Produktionsbeginn des „Kübelwagens", einer militärischen Käfer-Version, von der bis Kriegsende werden etwa 75 000 Stück für unterschiedliche Einsatzzwecke hergestellt werden.
- **1944** Durch alliierte Bombenangriffe werden erhebliche Teile des Werkes zerstört. Trotzdem läuft die Produktion weiter.
- **1945** Bei Kriegsende sind rund 17 000 Arbeitskräfte im VW-Werk beschäftigt, davon etwa 8000 Deutsche. Die britische Militärregierung übernimmt die Werksverwaltung und läßt durch VW-Belegschaft alliierte Fahrzeuge reparieren. Am 25. Mai 1945 wird die VW-Stadt von der britischen Militärregierung in „Wolfsburg" umgetauft
- **1946** Insgesamt werden 10 020 Volkswagen werden produziert; das Werk zählt 8382 Beschäftigte.
- **1947** Die ersten VW-Käfer werden ins Ausland verkauft – insgesamt 56 Stück in den Niederlanden.
- **1948** Die britische Militärregierung setzt Heinrich Nordhoff als ersten VW-Generaldirektor ein. Unter seiner Leitung wird das VW-Werk zum grössten deutschen Automobilhersteller.
- **1949** Die ersten Käfer werden in die USA exportiert. Die britische Mlitärregierung übergibt alle deutschen Vermögenswerte an die neu gegründete Bundesrepublik Deutschland, also auch das Volkswagenwerk.
- **1950** Der Transporter wird als zweites VW-Modell in Serie gefertigt.
- **1951** Ferdinand Porsche stirbt.
- **1952** In Wolfsburg werden 130 000 Käfer produziert.
- **1954** Die Firma Volkswagen macht erstmals mehr als eine Milliarde Mark Umsatz.
- **1955** Der einmillionste Käfer wird gebaut. Am 14. Juli stellt VW den von der Karosseriefabrik Karmann produzierten „Ghia" vor, ein Coupé auf Käfer-Basis für 7500 Mark, das zwei Jahre später durch ein Cabriolet ergänzt wird.
- **1957** Zwei Millionen Volkswagen!

■ **1958** Der Käfer ist mit 33 000 verkauften Exemplaren das erfolgreichste auländische Auto in den Vereinigten Staaten von Amerika. Der spätere VW-Chef Carl Hahn übernimmt die Leitung der amerikanischen VW-Niederlassung und erreicht durch eine ungewöhnliche Werbekampagne stetig steigende Verkaufszahlen.

■ **1960** Vier Millionen „Käfer" werden gefeiert! Die Firma Volkswagen GmbH wird in eine Aktiengesellschaft umgewandelt.

■ **1965** Volkswagen übernimmt die Auto Union, heute Audi.

■ **1968** Nach dem Tod von Heinrich Nordhoff wird Kurt Lotz neuer VW-Chef, der sich um ein Ende der „Käfer-Monokultur" bemüht, aber durch eine Vielzahl neuer Modelle kaum noch überschaubare Technik-Strukturen schafft.

■ **1969** Zwar werden rund 500 000 Volkswagen in den USA verkauft, doch zeichnen sich bereits Krise und sinkende Absatzzahlen ab.

■ **1971** Rudolf Leiding wird neuer VW-Chef und entwickelt in kurzer Zeit neue, bis heute erfolgreiche Modelle, darunter den eigentlichen Käfer-Nachfolger „Golf".

■ **1972** Der 15millionste Käfer wird gebaut. Damit überholt der Käfer das bislang mit ebenfalls 15 Millionen Exemplaren meistgebaute Auto, das T-Modell von Ford.

■ **1973** Nur noch etwa 335 000 Volkswagen werden in den USA, dem wichtigsten Auslandsmarkt, abgesetzt.

■ **1974** Die Käfer-Produktion wird im Werk Wolfsburg eingestellt, doch dessen ungeachtet im Oktober der 18millionste Käfer gebaut. Das Modell „Golf" wird öffentlich vorgestellt.

■ **1975** Toni Schmücker wird neuer VW-Chef.

■ **1976** Der millionste Golf wird produziert. Insgesamt wurden bisher 30 Millionen Volkswagen produziert.

■ **1978** Im Werk Emden läuft der letzte in Deutschland produzierte Käfer vom Band.

■ **1980** Die Produktion des Käfer-Cabriolet wird nach 331 847 Exemplaren eingestellt.

■ **1981** Carl Hahn wird neuer VW-Chef. Im Werk Puebla/ Mexiko wird der 20millionste Käfer gebaut!

■ **1982** Der fünfmillionste Golf wird gebaut. Der spanische Automobilhersteller SEAT wird VW-Tochterfirma.

■ **12.8.1985** Der letzte in Deutschland produzierte Käfer entsteht.

■ **23.3.1987** In Wolfsburg wird der 50millionste Volkswagen gebaut – ein Golf.

■ **1988** Zehn Millionen „Golf"! Jubiläum „50 Jahre Volkswagen".

■ **1991** VW übernimmt den tschechischen Autohersteller Škoda. VW eröffnet ein Designstudio in Simi Valley/ USA.

■ **September 1992** In Simi Valley beschäftigen sich Designer erstmals mit der Grundidee des New Beetle, dessen Form sich am alten Käfer orientieren soll.

■ **1993** Ferdinand Piech, Enkel von Ferdinand Porsche, wird neuer Chef der Volkswagen AG.

■ **Mai 1993** Erste werksinterne Präsentation von Skizzen und Modellen des New Beetle, dessen formale Anlehnung an den alten Käfer als Ausdruck der Zeitströmung „Retrotrend" unübersehbar ist.

■ **Januar 1994** Ideenstudie „Concept 1" wird als Vorläufer des New Beetle auf der Motor Show in Detroit vorgestellt.

■ **März 1994** Cabrio-Version des „Concept 1" wird auf dem Automobilsalon in Genf vorgestellt.

■ **Oktober 1995** Öffentliche Vorstellung des New Beetle auf der Tokyo Motor Show. Hier wird deutlich, daß der „Golf" als technische Basis für die Serienfertigung dienen wird.

■ **März 1996** Die auf dem Genfer Autosalon präsentierte Serienversion trägt erstmals die Bezeichnung „New Beetle".

■ **Januar 1998** Vorstellung der US-Serienversion auf der Detroit Motor Show.

■ **Oktober 1998** Vorstellung der Europa-Version des New Beetle und Beginn der Serienproduktion im Werk Puebla/Mexiko.

VOM KÄFER ZUM GOLF ZUM NEW BEETLE

Modell	Produktionsbeginn	Ende der Produktion
Käfer-Limousine	Mai 1945	1974 in Wolfsburg 1978 in Deutschland derzeit in Mexiko produziert
Käfer 1300	1965	1975
Käfer 1500	1966	1970
Käfer 1600	1970	1975
Käfer 1302	1970	1972
Käfer 1303	1972	1975
Käfer Cabrio	1949	1980
Golf A1	1974	1983
Golf GTI A1	1976	1983
Golf Diesel A1	1976	1983
Golf A2	1983	1992
Golf A3	1992	
New Beetle	1998	